2024
农业资源环境保护与农村
能源发展报告

农业农村部农业生态与资源保护总站 编

中国农业出版社
北　京

编 委 会

主　　编：严东权

副 主 编：李惠斌　闫　成　邢可霞

编写人员（以姓氏笔画为序）：

前 言

2023年7月，全国生态环境保护大会在北京召开。习近平总书记出席会议并发表重要讲话，明确提出必须处理好"五个重大关系"，全面总结新时代生态文明建设的历史性成就，深入分析新时代新征程生态文明建设面临的新形势新要求，深刻回答了新时代新征程加强生态文明建设的一系列重大理论和实践问题。中共中央、国务院出台了《关于做好2023年全面推进乡村振兴重点工作的意见》《关于全面推进美丽中国建设的意见》，对推进乡村生态振兴和建设美丽乡村重点工作进行了部署。为贯彻落实党中央决策部署，农业农村部发布了《支持国家农业绿色发展先行区建设 促进农业现代化示范区全面绿色转型有关工作方案》等重要政策文件，为做好农业生态环境保护工作提供了坚实保障。

2023年，全国农业资源环境保护和农村能源生态建设体系围绕中心、服务大局，主动担当、善作善成，高质量推动农业生态环境保护发展，高水平履行职责任务，各方面工作都取得了显著成绩。为宣传农业资源环境保护和农村能源生态建设一年来取得的工作成效，总结交流各地典型做法和经验，农业农村部农业生态与资源保护总站组织编写了《2024农业资源环境保护与农村能源发展报告》，围绕2023年农业生态环境保护重大政策、重点工作、重要项目，以客观、权威数据为支撑，全面反映2023年行业体系取得的主要进展和成效，报告主体包括行业综述、体系建设、农业野生植物保护、外来入侵物种防控、农业面源污染防治、农膜科学使用回收、农产品产地环境管理、农村可再生能源建设、生态循环农业建设、秸秆综合利用、农业绿色发展、国际交流和地方实践。

编写过程中，农业农村部科学技术司、发展规划司等机关司局给予了大力支持和精心指导，全国各相关部门提供了大量工作素材，中国农业科学院农业环境与可持续发展研究所、农业农村部规划设计研究院、中国农业大学、中国农业生态环境保护协会等单位专家提供了宝贵的意见和建议，在此一并表示诚挚的感谢！由于编者水平有限，书中难免有错误之处，敬请读者批评指正。

编 者

2024年5月

目录　CONTENTS

行业综述

2023年是全面贯彻落实党的二十大精神的开局之年，也是深入落实"十四五"农业生态环境保护工作部署的关键一年。一年来，在部党组的坚强领导下，在部领导的精心指导和科学技术司的大力支持下，农业农村部农业生态与资源保护总站（以下简称"生态总站"）带领农业资源环境保护与农村能源生态建设体系（以下简称"农业环能体系"），坚持以习近平新时代中国特色社会主义思想为指导，统筹农业稳产高产与农业绿色发展，高质量推动农业环能体系建设，积极履职尽责，推动农业生态环境保护工作迈上新台阶，为推进乡村全面振兴、加快建设农业强国提供了有力支撑。

一、体系机构建设

2023年，农业环能体系共有省、市、县级机构2 762个。其中，省级46个、市级398个、县级2 318个。北京、重庆、四川、河南、湖南、云南6省份在农业农村厅设立了专门行政处室。

二、农业野生植物保护

在辽宁、吉林、湖南、广西等16个省份布设野大豆、野生稻定点监测点位50多处，全年调查收集2 000余份重要野生植物资源；在湖北、甘肃、河北、湖南4个省份，新建和续建野大豆、野生茶、野百合、肉苁蓉等农业野生植物原生境项目8个，保护面积1.3万亩[*]。

三、外来入侵物种普查

截至2023年底，指导全国31个省份2 766个涉农区县全部完成面上调查，设置了8.19万条踏查路线，完成了20.35万处标准样地调查，近2 700个区县完成了数据汇总；组织近百家科研院所、高等院校等，围绕160多种对农业危害重大的外来入侵物种，基本完成了近3.1万处点位的重点调查，初步摸清了外来入侵物种发生情况。

四、农业面源污染治理

发布长江、黄河等重点流域农业面源污染综合治理技术指导意见，推行源头减量、过程拦截、末端治理、循环利用等综合治理措施，启动新一批65个长江、黄河流域农业面源污染综合治理项目县建设，推进建设29个整建制全要素全链条农业面源污染综合防治试点。持续在全国241个氮磷流失原位国控监测点、2万个典型调查地块，常态化开展农田氮磷流失状况监测，形成《2022年度农田氮磷流失监测报告》。

五、地膜科学使用回收

以地膜使用大县为重点，在适宜地区、适宜作物上有序推广使用加厚高强度地膜和全生物降解地膜，地膜科学回收处置稳步推进。继续在500个全国农田地膜残留监测点、5 000个典型调查点开展例行监测调查，形成《2022年度农田地膜残留国控监测报告》。地膜全年使用量134.2万吨，地膜覆盖面积2.62亿亩，农膜回收率稳定在80%以上。启动地膜回收利用台账建设试点。

六、耕地重金属污染修复

全国受污染耕地安全利用率超过90%，共布设国控监测点5 783个，其中普通循环监测点2 783个，开展土壤重金属、基本理化性状、耕地地力以及农产品质量协同监测。耕地地力监测点2 640

---

  * 亩为非法定计量单位，1亩≈667平方米。——编者注

个，农药残留监测点360个。在全国统筹布局建设20个耕地重金属污染防治联合攻关基地。筛选出63个镉低积累作物品种和5种治理修复产品。

七、农村可再生能源建设

农村现有沼气在利用用户267.27万户，各类沼气工程67 742处；全国太阳房37万多处，太阳能热水器4 101万台，太阳灶70万余台。以北方14个省份的100个县和300个村作为重点，推广秸秆打捆直燃、生物质成型燃料等10项清洁取暖技术模式，累计推广秸秆打捆直燃集中供暖面积1 866万平方米，使用生物质成型燃料1 200多万吨[*]。

八、生态循环农业建设

2023年，新培育生态农场345家，其中种植型农场242家、养殖型农场27家、种养结合型农场76家；湖北、福建、吉林、海南等省份新培育省级生态农场1 000余家。

九、秸秆综合利用

全国农作物秸秆产生量8.65亿吨，可收集量7.31亿吨，利用量6.44亿吨，综合利用率超过88%。其中，秸秆肥料化、饲料化、燃料化、基料化、原料化利用率分别为57.6%、20.7%、8.3%、0.7%和0.8%。秸秆直接还田量3.82亿吨，离田利用量2.62亿吨，离田利用效能不断提升（2023年农作物秸秆资源台账数据）。

十、农业绿色发展

2023年，印发《支持国家农业绿色发展先行区建设 促进农业现代化示范区全面绿色转型有关工作方案》，北京怀柔等80个区县入围第四批国家农业绿色发展先行区创建名单。印发《国家农业绿色发展先行区整建制全要素全链条推进农业面源污染综合防治实施方案》，在天津市武清区等29个县启动试点建设。推介发布"北京市顺义区：创新机制 强化举措 聚力打造都市优质农产品供应新高地"等47个农业绿色发展典型案例。印发《农业绿色发展水平监测评价办法（试行）》，明确评价指标权重，科学评估各地农业绿色发展水平。

十一、国际合作交流

2023年，积极开展国际合作交流工作，深入落实《中英农业绿色发展合作谅解备忘录》，促进中英农业绿色发展合作。赴英国、意大利、西班牙开展交流，拓宽农业对外合作渠道。积极支撑国际公约履约谈判，派员参加《生物多样性公约》科咨附属机构第25次会议以及《联合国气候变化框架公约》第28次缔约方会议，维护我国的农业发展利益。

---

[*] 《2023年全国农村可再生能源统计年报》

体系建设

机构设置

2023年，农业环能体系共有省、市、县级机构2 762个。其中，省级46个、市级398个、县级2 318个。共有在编人员15 118人。其中，省级762人、市级3 017人、县级11 339人。此外，北京、重庆、四川、河南、湖南、云南6省份在农业农村厅设立了农业生态环境保护专门行政处室。

制度建设

生态总站组织开展2023年农业主导品种主推技术和重大引领性技术需求遴选推荐工作。其中，"东北地区旱地春玉米沃土稳产减排增效种植技术"等4项入选《2023年农业主推技术》。组织制修订《农田景观生物多样性保护导则》等行业标准10项。全年举办各类技术培训班10余次，累计培训5.4万余人次。

条件平台

农业环能体系在全国布设了4万个农产品产地土壤环境监测点位、241个农田氮磷流失监测点位、500个农田地膜残留监测点位、5 000个典型地块调查点位、42个秸秆还田生态效应监测点位，培育了776家生态农场，建设了63个农村能源综合建设示范村、20个耕地重金属污染防治联合攻关试验基地，合作共建18个科研试验基地、3个部级重点实验室、2家科技创新联盟。农业生态环境保护信息化工程顺利完成预验收，实现68类共享数据服务的注册、发布和共享。

重要活动

一、全国农技推广体系改革与建设工作会议在山西运城召开

2023年10月，农业农村部在山西运城召开全国农技推广体系改革与建设工作会议，贯彻落实习近平总书记"基层农技推广体系要稳定队伍、提升素质、回归主业，强化公益性服务功能"重要讲话精神。农业农村部党组成员、副部长张兴旺出席会议并讲话。

会议强调，各级农业农村部门要深入学习习近平总书记关于"三农"工作的重要论述，坚持好运用好习近平新时代中国特色社会主义思想的世界观和方法论，自觉在粮食安全这一"国之大者"中把握新时代新征程农技推广工作的时代方位，稳定强化公益性农技推广队伍，畅通社会化市场化技术服务渠道，加快构建适合中国国情的农技推广服务格局。

会议要求，大力提高农技推广人员素质，提升农技服务效能和水平。采用多种方式吸纳高水平农业技术服务人才，积极推行"定向招生、定制培养、定向就业"进人机制，大力推广"重大技术协同推广""科技小院""科技合伙人"等技术推广服务模式，强化农技推广体系与科研院校、科技服务企业的贯通合作，完善壮大科技特派员、特聘农技员、农民技术员队伍。夯实农技推广体系建设政策保障，实施好基层农技推广体系改革与建设补助项目。

农业农村部和教育部相关司局，地方农业农村部门、农技推广机构、农业科技服务企业代表共140余人参会。严东权站长代表农业环能体系参会。

全国农技推广体系改革与建设工作会议

二、省级农业环能体系管理干部能力建设培训班在吉林长春召开

2023年7月，生态总站在吉林长春举办了省级环能体系管理干部能力建设培训班，严东权站长出席开班式并作主旨报告，生态环境部门专家讲解了习近平生态文明思想和国家生态环境监测制度，吉林、湖北等7省的省站负责人围绕秸秆综合利用、重点流域农业面源污染综合治理、生态农场建设等工作交流了典型经验。农业农村部科学技术司、发展规划司相关处室负责人介绍了农村能源生态建设和农业绿色发展等工作开展情况及相关要求。来自46个省级体系单位的有关负责人参加培训。

省级管理干部能力建设培训班

三、第二届、第三届"全国农业生态环境保护乡村行"科普宣传活动分别在甘肃定西、湖南岳阳召开

2023年2月，生态总站联合甘肃省农业农村厅、定西市人民政府在甘肃省定西市渭源县、通渭县举办了第二届"全国农业生态环境保护乡村行"科普宣传活动。以"地膜科学使用回收"为主题，遴选16位科普专家，向基层人员做了农业生态环保科普培训，培训覆盖科普对象2 000余人次，活动当月新华社浏览量18.3万，地方媒体阅读量超过6.8万。

第二届"全国农业生态环境保护乡村行"科普宣传活动

2023年6月，生态总站联合湖南省农业农村厅、岳阳市人民政府在湖南岳阳举办了外来入侵物种防控现场会暨第三届全国农业生态环境保护乡村行科普宣传活动。以福寿螺、草地贪夜蛾、红火蚁等外来入侵物种防控为主题，采取现场灭除与科普宣传相结合、专题培训与技术服务相结合的方式进行，组织服务、人才、技术进基层、进学校、进集市、进主体，活动覆盖各类科普对象2 000余人次，新华社、中央电视台、农民日报、湖南日报等20多家新闻媒体进行了报道转载。

全国外来入侵物种防控现场会暨第三届全国农业生态环境保护乡村行科普宣传活动

四、组织开展农业生态环境保护和农业绿色发展重点课题遴选活动完成

2023年5月，在农业农村部科学技术司、发展规划司指导下，生态总站首次面向社会组织开展2023年农业生态环境保护和农业绿色发展重点课题研究，从308家申报单位中遴选出国务院发展研究中心信息中心、北京大学等10家单位承担课题研究任务。课题涉及生态低碳农业发展方向与建设路径等领域，旨在解决行业发展前瞻性、方向性重大突出问题。

2023年农业生态环境保护和农业绿色发展重点研究课题立项名单

序号	课题名称	承担单位	第一承担人
1	生态低碳农业发展方向与建设路径研究	华中农业大学	何 可
2	统筹农业稳产高产与农业绿色发展研究	江苏省农业科学院	孙洪武
3	低碳乡村建设路径与机制研究	北京大学	雷 明
4	农业生态产品价值核算方法及实现机制研究	中国社会科学院农村发展研究所	于法稳
5	农业生态保护补偿制度研究	国务院发展研究中心信息中心	柳 岩
6	秸秆产业化发展模式与扶持政策研究	安徽科技学院	汪建飞
7	整建制全要素全链条农业面源污染综合防治研究	中国农业科学院农业环境与可持续发展研究所	张晴雯
8	受污染耕地分类管理与动态调整研究	广东省科学院生态环境与土壤研究所	刘传平
9	新时代地膜科学使用回收长效机制研究	甘肃农业大学	李玲玲
10	外来物种入侵防控体系构建与对策措施研究	河南科技学院	余 昊

农业野生植物保护

基本情况

根据调整后的《国家重点保护野生植物名录》职责分工，农业农村部门管理131种、15类农业野生植物（该名录中加"*"标注物种），共约500余种。2023年，围绕农业野生植物资源保护与利用，调查收集2 000余份重要野生植物资源，开展50多处定点监测；中央预算投资6 400万元在湖北、甘肃、河北、湖南4个省份新建和续建野大豆、野生茶、野百合、肉苁蓉等农业野生植物原生境项目8个，保护面积1.3万亩；组织行业专家系统梳理了农业农村部门负责管理的500余种国家重点保护野生植物物种分布情况，联合中国科学院植物研究所等单位出版《国家重点保护野生植物（上、中、下卷）》。

制度建设

2023年12月，中共中央、国务院印发《关于全面推进美丽中国建设的意见》，强调要健全全国生物多样性保护网络，加强野生动植物保护，逐步建立国家植物园体系。

2023年12月，新修订的《农业野生植物原生境保护点建设技术规范》发布，该标准由中国农业科学院作物科学研究所牵头，为我国农业野生植物原生境保护点的选址、规划与建设提供了技术指引。

2023年11月，生态总站参与制定《美丽县域建设评价技术指南》，为加强县域内濒危野生植物保护提供了技术参考。

重庆制定《重庆市重点保护野生植物管理办法》，印发农业野生植物资源保护工作方案，推动重点区域资源收集调查，完成农业生物资源调查信息管理系统更新升级。河南印发《关于加强农业野生植物保护工作的通知》，积极落实属地管理责任，持续加强农业野生植物保护点日常管护。

农业野生植物资源调查监测

为落实农业农村部党组工作安排，生态总站赴广西开展农业野生植物保护专题调研，组织座谈交流，开展专题研究，提出下一步工作建议，进一步加强野生稻等重要农业野生植物保护与利用。

2023年7月，生态总站组织专家到吉林调研野大豆保护工作，现场指导吉林省农业科学院开展野大豆种质资源保护工作。

广西野生稻

农业野生植物原生境保护区（点）监测

系统梳理2001年以来中央投资建设项目情况，编写农业野生植物原生境保护区（点）情况报告。

野生稻调研

编制以原生境保护区为重点的县域野大豆监测调查技术方案，与吉林省农业科学院联合开展野大豆原生境保护区调查监测与种群恢复技术试验示范。

各地积极开展农业野生植物原生境保护工作。重庆加强黔江野大豆、石柱莼菜等6个农业野生植物原生境保护区管护。河南组织开展典型区域农业野生植物资源调查收集与监测，完成了《河南省四大山系国家重点保护农业野生植物图鉴》。海南组建专家团队，指导儋州、文昌、琼海、万宁、保亭、陵水等市县开展野生稻原生境保护点基础设施修复和管护工作。四川组织摸排万源市野大豆原生境保护区和苍溪县野生猕猴桃原生境保护区运行情况，督促达州市、广元市加强保护区管理维护。

外来入侵物种防控

基本情况

目前，全国已确定660多种外来入侵物种[*]，其中外来入侵植物370余种，外来入侵动物220余种，71种对自然生态系统已造成危害或具有潜在威胁，215种已入侵国家级自然保护区，发生面积近亿亩。2023年，全国各地组织开展外来入侵物种灭除活动300余次。

制度建设

2023年2月，中央一号文件印发，明确提出，严厉打击非法引入外来物种行为，实施重大危害入侵物种防控攻坚行动，加强"异宠"交易与放生规范管理。

2023年2月，农业农村部印发《关于落实党中央　国务院2023年全面推进乡村振兴重点工作部署的实施意见》，强调严密防控外来物种侵害，开展外来入侵物种普查，完善源头预防、监测预警、控制清除等全链条监管体系。实施加拿大一枝黄花等外来入侵物种灭除行动。

2023年11月，在农业农村部科学技术司指导下，中国农村杂志社编辑出版《防治外来物种侵害专刊》，刊登了福寿螺、加拿大一枝黄花、刺苍耳等重点外来入侵物种的防控技术指导意见，系统介绍农业外来入侵物种普查质量控制工作，以及湖南、四川、宁夏等地推进农业外来入侵物种普查、科学开展外来入侵物种防控的创新实践。

2023年12月，中共中央、国务院印发《关于全面推进美丽中国建设的意见》，强调开展外来入侵物种普查、监测预警、影响评估，加强进境动植物检疫和外来入侵物种防控。健全种质资源保护与利用体系，加强生物遗传资源保护和管理。

2023年12月，生态环境部发布《外来入侵植物对陆域自然保护区植物多样性影响评估技术导则》，规范我国陆域自然保护区外来入侵植物对植物多样性影响评估工作。

内蒙古印发《内蒙古重点调查外来入侵物种清单》，牵头起草《内蒙古自治区生物灾害应急预案》。建立健全生物灾害应急机制，保证应急处置工作高效有序进行，及时有效预防、控制突发生物灾害的危害。

普查调查

一、组织面上调查

截至2023年底，全国31个省份2 766个涉农区县全部完成面上调查，共设置了8.19万条踏查路线，完成了20.35万处标准样地调查，采集制作了6.2万份标本，2 700余个区县完成了数据汇总。全

---

[*] 《2020中国生态环境状况公报》

面推进"外来入侵物种普查工作领导小组办公室"普查数据汇交工作，确保普查数据的精准性和完整性，初步形成外来入侵物种数据库。

二、开展重点监测

生态总站组织相关团队加快完成160多种重大危害物种的3.1万个点位调查工作。截至2023年底，重点调查监测任务已完成，目前正在开展危害程度、经济损失与扩散风险测算评估，并补充选取90多种重大危害入侵物种，设置补充点位1.2万个，开展重点监测跟踪调查。利用卫星、无人机遥感监测技术，在湖南、江西、新疆、内蒙古等21个省份开展水葫芦、豚草、刺萼龙葵等外来入侵植物监测核查。

农业外来入侵物种调研

三、加强培训与现场指导

2023年，生态总站分别在湖北武汉、四川成都和山西太原，以及"科教云平台"开展技术交流培训，累计培训地方普查人员5万人次，组织相关专家赴31个省份开展现场技术指导，实地解读技术要点，现场演示调查方法，切实解决实际问题。

四、加强质量控制

通过实地踏查、样地核查、数据抽查等方式，开展全过程质量控制，确保普查数据真实有效。组建由101名专家组成的质控专家组，赴全国150多个区县开展现场质控与指导，对上报的267.4万条数据进行线上核查，组织专业机构鉴定存疑样品5.1万份。

其他监测

一、凤眼蓝入侵情况遥感监测

2023年，针对重点管理外来入侵植物凤眼蓝集中分布的15个省份开展遥感监测，动态获取其空间分布情况，为精准防控提供数据支撑。监测显示，2023年集中连片发生总面积为11.01万亩，其中，江苏发生面积居首位，其次为安徽、湖北、海南和广东，2023年全国凤眼蓝较2022年集中连片发生面积减少2.08%。

风眼蓝发生区域　　　　　　　　0　1　2　　4 千米

广东省湛江市雷州市南渡河

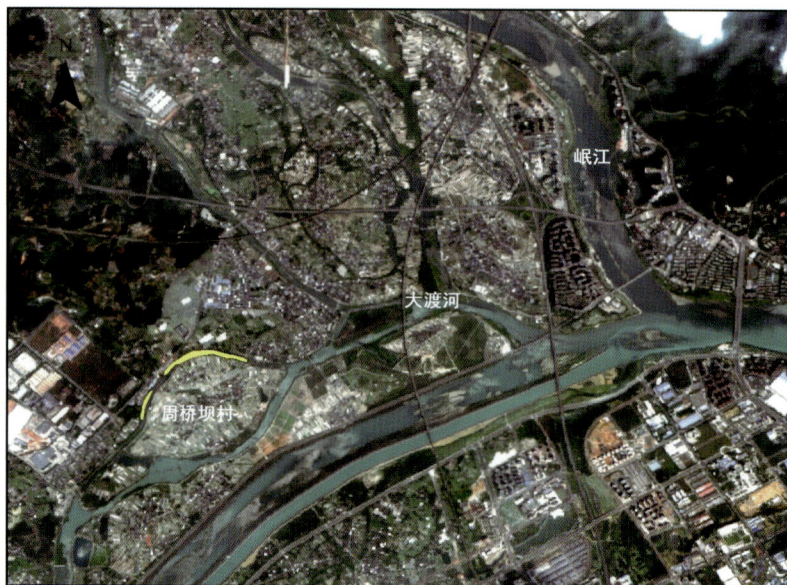

风眼蓝发生区域　　　　　　　　0　1　2　　4 千米

四川省乐山市大渡河

二、网络舆情监测

2023年，全年发布舆情监测周报50期，监测对象为《重点管理外来入侵物种名录》物种，以及沙漠蝗、印加孔雀草等近年来新发或疑似发生物种，监测范围为互联网网媒、微信、微博、论坛、博客、视频、报刊、App等平台，全年监测舆情传播总量约540万篇。监测发现，舆情基本以中性为主，约占63%；正面舆情约占25%；负面舆情约占12%。网民高度关注红火蚁、福寿螺、草地贪夜蛾、加拿大一枝黄花、鳄雀鳝、革胡子鲶、豚草、薇甘菊、互花米草、松材线虫、美国白蛾、巴西龟、非洲大蜗牛等物种。其中，红火蚁舆情传播量最高，约占6%。

外来入侵物种网络舆情监测周报

灭除防控

　　聚焦福寿螺、刺苍耳等重点管理外来入侵物种，生态总站在湖南岳阳、宁夏中宁等地组织开展了10次全国现场灭除活动，发动地方组织灭除活动300余次，一线专业技术人员参加5 000余人次，有效遏制了重点管理外来入侵物种的扩散蔓延趋势。

薇甘菊防控现场会

科普宣传

生态总站坚持"边普查、边防控、边宣传"的原则，主动发声，积极应对，开展形式多样的科普宣传活动。在新华网、人民日报、农民日报、农民文摘等主流媒体报道10余篇次。

2023年4月，在第8个全民国家安全教育日，举办"加强外来物种入侵防控，维护国家生物安全"主题科普讲座，通过"科教云平台"、农民日报视频号在线直播，观看人数超过10万人。

观察 8   2023年5月5日 星期五   见习编辑：赵艺璇 赵博文   新闻热线：01084395094   农民日报

清查外来入侵物种

农业面源污染防治

基本情况

2023年，全国监测的3 632个地表水国控断面中，Ⅰ～Ⅲ类水质断面占89.4%，劣Ⅴ类水质断面占0.7%，主要污染指标为化学需氧量、总磷和高锰酸盐指数。在内陆渔业水域中，江河重要渔业水域中主要超标指标为总氮，湖泊（水库）重要渔业水域中主要超标指标为总氮和总磷，41个国家级水产种质资源保护区中主要超标指标为总氮。在农田灌溉水中，灌溉规模达到10万亩及以上的农田灌区监测的1 883个灌溉用水断面（点位）中，1 758个断面（点位）达标，占93.4%，主要超标指标为粪大肠菌群、悬浮物和pH[*]。畜禽粪污综合利用率超过78%，农用化肥施用量（折纯量）和农药使用量分别为5 079.2万吨[**]和119万吨[***]，化肥农药利用率超过41%。

制度建设

2023年1月，中共中央办公厅、国务院办公厅印发《关于加强新时代水土保持工作的意见》，全面推动小流域综合治理提质增效，统筹生产生活生态，在水土流失重点区域全面开展小流域综合治理，建立统筹协调机制，以流域水系为单元，整沟、整村、整乡、整县一体化推进。

2023年2月，水利部、农业农村部、国家林业和草原局、国家乡村振兴局联合印发《关于加快推进生态清洁小流域建设的指导意见》，以流域为单元，以水系、村庄和城镇周边为重点，山水林田路村统一规划，治山、治水、治污协同推进，统筹实施水土流失综合治理、流域水系整治、生活污水和农村生活垃圾治理。

2023年4月，生态环境部联合国家发展改革委、财政部、水利部、国家林业和草原局等部门印发《重点流域水生态环境保护规划》。提出到2025年，主要水污染物排放总量持续减少，水生态环境持续改善，在面源污染防治、水生态恢复等方面取得突破，水生态环境保护体系更加完善，水资源、水环境、水生态等要素系统治理，统筹推进格局基本形成。

2023年6月，中央财办、中央农办、农业农村部、国家发展改革委联合印发《关于有力有序有效推广浙江"千万工程"经验的指导意见》，聚焦农业面源污染突出区域，优化农业产业结构，促进农业投入品减量增效，提高粮食作物配方肥供应，降低经济作物化肥施用强度。推进"无废乡村"建设，加强农业废弃物资源化利用，依法建立畜禽粪污收储运利用系统。

2023年6月，长三角区域生态环境保护协作小组第三次工作会议在安徽合肥召开。会议认真落实习近平总书记在扎实推进长三角一体化发展座谈会上的重要讲话精神，研究部署区域生态环境保

---

[*] 《2023中国生态环境状况公报》

[**] 《统计年鉴（2023）》

[***] 《中国农村统计年鉴（2023）》

护协作重点工作；要求加快区域绿色低碳转型，在绿色生产生活方式、绿色基础设施建设、建立完善市场机制等方面持续用力。

例行监测

2023年，农业农村部继续组织开展农业面源污染例行监测。建立"国家—省级—技术支撑单位—基层技术人员"四级联动工作机制，持续做好241个农田氮磷流失国控监测、2万个典型地块调查工作，持续指导农田氮磷流失监测调查工作，加强数据质量控制，形成《2022年度农田氮磷流失监测调查报告》，系统分析农田氮磷流失状况和变化规律。在三峡库区、洞庭湖区开展农业小流域尺度农业面源污染监测，核算农业面源污染负荷对河湖水体的贡献。

例行监测

重点流域农业面源污染综合治理

农业农村部科学技术司召开项目评审会，对2023年长江、黄河流域15个省份120个县级项目申报材料进行评审，批复67个项目投资计划，中央投资补助资金16.3亿元。建立常态化调度机制，配合农业农村部科学技术司对"十四五"132个项目县进行月调度，督促各地加快建设进度。生态总站协助农业农村部科学技术司开展《"十四五"重点流域农业面源污染综合治理建设规划》中期评估，形成报告。

各地积极推进农业面源污染治理工作。山西印发全省关于实地调研2021—2022年黄河流域农业面源污染治理项目的通知，以厅长给5个项目县（市）委书记一封信的形式，进一步压实地方党委政府主体责任，联合有关部门对5个项目县进行为期一周的实地指导。重庆对万州、涪陵等12个长江经济带农业面源污染治理项目开展绩效评价，发放问卷调查表105份，收集28个流域断面水质信息，采集检测样品144个，检测指标432个，项目实施总体成效显著。

培训交流与技术推广

一、培训交流

2023年7月，农业农村部科学技术司联合生态环境部土壤司首次在云南大理组织召开全国农业面源污染防治交流研讨会，进一步提升农业面源污染防治水平，总结交流典型经验做法和防控模式，研讨防治思路和措施对策。会议强调，要进一步学习和推广浙江"千万工程"经验，聚焦农业面源污染突出区域和关键领域，加强农业面源污染综合治理和监督指导，促进农业投入品减量增效，加强农业废弃物资源化利用，建立畜禽粪污收运利用系统，强化农业面源污染监测评估，以钉钉子精神持续推进防治工作。全国各省（自治区、直辖市）农业农村、生态环境部门有关工作负责同志以及专家学者参会。

2023年9月，为推动长江经济带和黄河流域农业面源污染综合治理工作，提升行业管理和技术人员业务水平，生态总站在四川成都举办农业面源污染治理技术培训班。培训班指出，"十四五"时期是全面推进乡村振兴、加快农业农村现代化的关键阶段，必须深入贯彻习近平生态文明思想，紧紧围绕"绿色化、低碳化"系统谋划推进农业农村绿色发展，强化乡村生态振兴顶层设计，抓好农业面源污染综合治理，整建制全链条全要素发力，以高品质生态环境支撑农业农村高质量发展。来自长江经济带和黄河流域相关省份农业环保部门的有关负责同志，部分县（市、区）农业农村部门管理和技术人员，以及从事农业面源污染治理的有关企事业单位代表参加培训。

农业面源污染综合治理技术培训班

二、技术推广

2023年12月，生态总站牵头制定《黄河流域农业面源污染综合治理技术指导意见》，明确治理原则，提出针对农田面源污染治理、畜禽养殖污染治理、水产养殖污染治理、秸秆综合利用、地膜科学使用回收、科学监测评价的适宜性技术措施，为推动黄河流域面源污染科学治理提供技术保障。

全国农业面源污染防治交流研讨会

生态总站在从全国征集一批农业面源污染综合治理关键技术和典型案例的基础上，牵头组织专家和地方农业农村部门研究遴选，推介发布稻田氮磷控源增汇技术、坡耕地径流拦蓄与再利用、漏斗型池塘绿色优质高效养殖等33项关键技术，指导各地深入推进治理工作。

农膜科学使用回收

基本情况

全国农膜使用量237.5万吨，其中地膜使用量134.2万吨，地膜覆盖面积达到2.62亿亩，主要集中在西北、华北、西南地区，其中内蒙古、甘肃和新疆等省份地膜使用量均在10万吨以上[*]。2023年中央财政转移支付资金36亿元用于推动地膜科学使用回收工作，全国农膜回收率稳定在80%以上。

制度建设

2023年4月，农业农村部、市场监督管理总局、工业和信息化部、生态环境部联合发布《关于进一步加强农用薄膜监管执法工作的通知》，首次在全国范围内联合开展打击非标地膜"百日攻坚"专项行动，要求各省份抓住春季产膜用膜关键时期，开展一次全面排查整治，加大监管执法力度，严禁非标地膜入市下田。

2023年11月，《内蒙古自治区农用薄膜污染防治条例》正式施行，内蒙古自治区由此成为全国第三个出台农膜污染防治省级条例的省级行政区。该条例对农用薄膜生产、销售、使用、回收、再利用等各个环节的责任和义务进行了明确规定。

2023年3月，内蒙古制定发布《废旧地膜回收与资源化利用技术规程》，对指导当地农民实现增产增收、改善当地生态环境、促进农业持续健康发展具有重要作用。

监测评价

2023年，农业农村部继续组织开展全国农田地膜残留监测工作，在30个省份500个农田地膜残留国控监测点开展残留监测分析，对5 000个农户或专业合作社开展地膜使用与回收情况调查。同时，对2022年度监测数据进行审核、整理、汇总和分析，编写形成《2022年度全国农田地膜覆盖及残留情况监测报告》，为全国农田地膜污染防治工作提供了数据支撑。

生态总站持续推进全生物降解地膜应用评价，强化技术保障。印发《关于进一步做好全生物降解地膜评价应用工作的通知》，在13个省份部署开展全生物降解地膜评价应用基地建设，做好田间试验评价，明确了区域适宜产品的规格参数、适用范围、使用要点、农艺措施等，总结形成了一批典型区域和作物的全生物降解地膜应用技术规程，为大范围科学推广应用夯实基础。

---

[*] 《中国农村统计年鉴（2023）》

关于进一步做好全生物降解地膜评价应用工作的通知

培训宣传与技术推广

一、培训宣传

生态总站组织行业专家总结提练了春播马铃薯、春花生等一批典型作物全生物降解地膜应用技

《全生物降解地膜应用30问》

术规程，形成《全生物降解地膜应用30问》这一科普读物。

2023年9月，农业农村部科学技术司、生态总站组织的农用地膜污染防治工作推进会在甘肃榆中召开。会议总结交流地膜污染防治工作进展与经验做法，对下一步工作再动员、再部署、再推动。会议指出，各级农业农村部门坚决贯彻落实党中央、国务院决策部署，稳步推进地膜污染防治，构建联合监管制度机制，完善科学使用回收体系，强化科技支撑和监测评价，全国农膜处置率保持在80%以上，重点地区农田"白色污染"得到有效治理。各省、自治区、直辖市和新疆生产建设兵团农业农村部门有关负责人，财政部、生态环境部、市场监管总局有关同志，部分区县代表以及有关专家参加会议。

农用地膜污染防治工作推进会

2023年12月，生态总站在北京举办农田氮磷流失及农业废弃物监测点数据分析应用培训班。全国31个省份农业环保站的负责同志、监测任务承担单位的有关技术人员和专家代表200余人参加了线上培训。

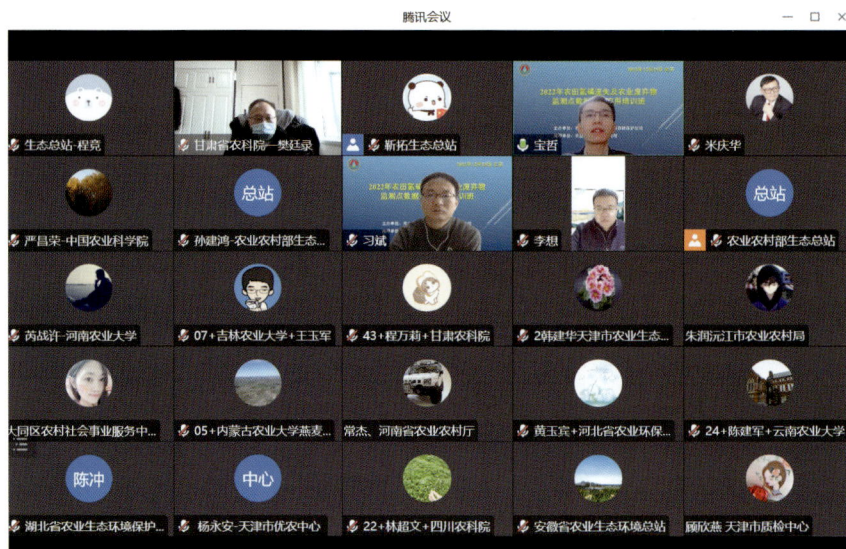

农田氮磷流失及农业废弃物监测点数据分析应用培训班

二、技术推广

2023年3月，农业农村部、工业和信息化部、生态环境部、市场监督管理总局聚焦生产、销售、使用、回收等关键环节，构建全链条监管体系，加大执法监管力度，联合发布农用薄膜执法监管十大典型案例。通过发布典型案例，进一步强化警示教育，引导农用薄膜生产者、销售者和使用者自觉履行法律责任，营造知法守法的良好氛围。

在春耕备耕关键时期，生态总站开展实地调研，指导地方做好地膜科学使用回收。印发《地膜科学使用回收技术指导手册》，指导地方规范技术操作。研究编制台账建设规范，初步搭建台账填报系统，在山东、甘肃、江苏等地试点开展调查统计工作。

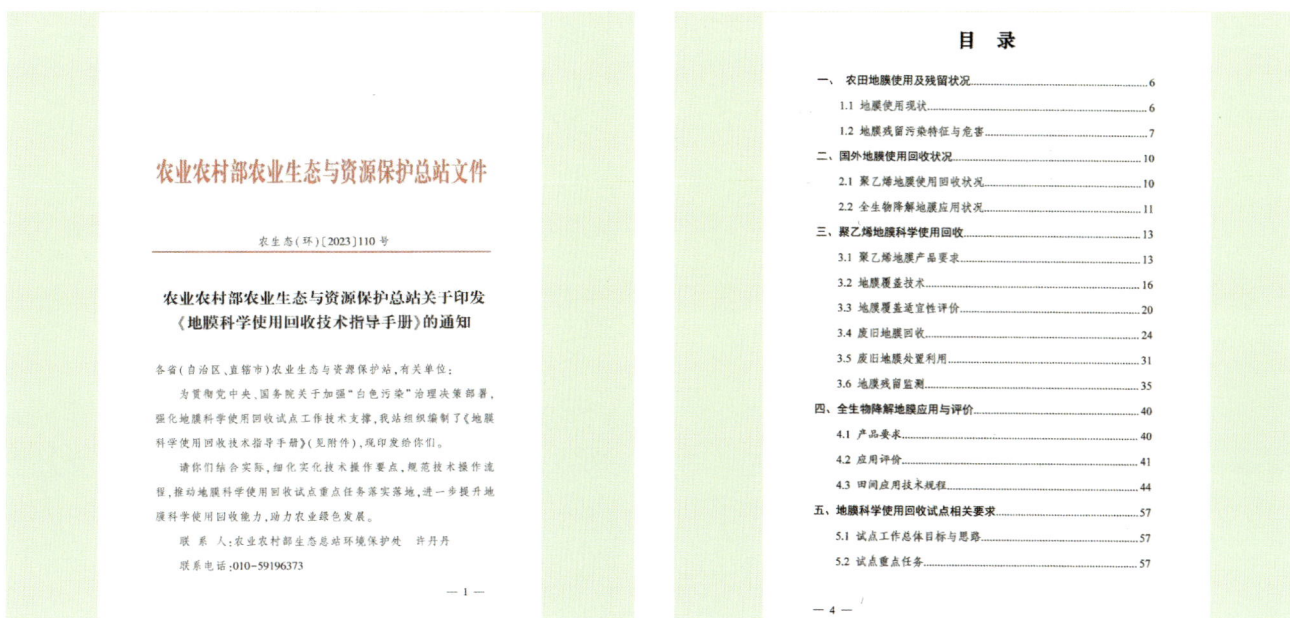

地膜科学使用回收技术指导手册

农产品产地环境管理

基本情况

2023年，全国耕地面积为19.14亿亩[*]，受污染耕地安全利用率达到91%以上[**]，耕地土壤环境风险得到基本管控，土壤污染加重趋势得到初步遏制，耕地土壤环境状况总体稳定。湖南、江西等省份推广西子3号、臻两优8612、中安2号、中安7号等特定绿色优质水稻，累计推广面积112万亩。

制度建设

2023年12月，生态环境部印发《关于促进土壤污染风险管控和绿色低碳修复的指导意见》，要求坚持问题导向、因地制宜、系统治理，综合运用自然恢复和人工修复两种手段，积极推动减污降碳协同增效，促进土壤污染风险管控和绿色低碳修复。

2023年，生态总站牵头完成《耕地土壤环境质量类别划分技术指南》《农田土壤环境质量监测技术规范》《食用农产品产地重金属风险评估技术指南》3项行业标准审定报批，参与的3项国家标准《稻田重金属治理　第1部分：总则》（GB/T 43419.1—2023）、《稻田重金属治理　第2部分：钝化调理》（GB/T 43419.2—2023）、《稻田重金属治理　第3部分：生理阻隔》（GB/T 43419.3—2023）正式发布，为稻田重金属治理提供了技术指引。

江苏先后出台全省深入打好净土保卫战实施方案、"十四五"土壤、地下水和农村生态环境保护规划、2023年农业农村污染防治工作计划、2023年受污染耕地安全利用工作计划，制定了全省重金属污染耕地安全利用技术指南标准规范5项、综合模式2项。

广西制定《广西耕地土壤环境质量类别动态调整技术指南》，完成全区第一次动态调整工作，并通过了省部级有关专家评审。制定印发《关于加强广西严格管控类耕地用途管控工作的指导意见》和《2023年广西耕地生产障碍修复利用项目相关实施方案》，规范了相关工作开展。

浙江印发《浙江省2023年度受污染耕地安全利用工作计划》，做好《浙江省土壤污染防治条例》宣贯解读，切实抓好耕地土壤污染防治法的贯彻实施。

海南印发《海南省2023年受污染耕地综合治理工作方案的通知》，有序推进受污染耕地综合治理各项工作。

产地监测

截至2023年底，农业农村部共布设农产品产地土壤环境国控监测点5 783个，其中普通循环监测

---

[*]　《2023年中国自然资源公报》

[**]　《2023年中国生态环境状况公报》

点2 783个、耕地地力监测点2 640个、农药残留监测点360个。

生态总站组织开展年度监测工作培训，编写出版《农产品产地土壤环境监测作业指导手册》，加强采样、制备、检测和分析全流程技术指导。

培训交流与技术推广

一、培训交流

2023年6月，生态总站在广东江门组织召开全国受污染耕地安全利用工作推进会，总结交流耕地污染防治工作成效和典型经验。11月，生态总站在湖南衡阳举办特色蔬菜绿色高效生产研讨会，提升产品绿色化、优质化水平，实现特色蔬菜安全生产和农户增收。12月，生态总站在北京召开受污染耕地分类管理交流会，交流低积累作物品种研发、可持续安全利用技术模式创制等工作。

全国受污染耕地安全利用工作推进会

特色蔬菜绿色高效生产研讨会

受污染耕地分类管理交流会

二、技术推广

生态总站组织行业体系创新形成稻田镉砷同步阻控安全生产技术模式、应用高镉水稻品种移除土壤镉的植物修复技术等一批安全利用新技术、新模式，"一域一策"精准服务地方，相关技术模式在安全利用重点地区累计示范推广400多万亩，辐射带动200多万亩。

加强技术指导与服务，生态总站组织专家赴湖北、贵州、重庆、四川、江西等省份开展技术指导，摸排解答当前存在的重点难点问题，推动相关省份做好受污染耕地安全利用和严格管控任务。

三、联合攻关

生态总站优化联合攻关基地布局，建设试验基地20个，覆盖全国七大地理区域典型耕地土壤，以及水稻、小麦、玉米、蔬菜等重点作物类型，在各基地定期开展大气沉降监测，分析评估典型区域不同作物关键生长期的大气镉等重金属沉降贡献。

依托联合攻关，分类组织开展134种低积累品种和109种治理修复产品的验证示范，形成了包含63个镉低积累作物品种和5种治理修复产品的镉低积累作物品种与治理修复产品推荐清单，为完善"以种适地"和"以地适种"相结合的安全利用模式夯实了基础。

农村可再生能源建设 🔍

基本情况

一、农村沼气

2023年，全国户用沼气1131.64万户，实际利用267.77万户，各类沼气工程67742处，沼气工程总池容2438万立方米。其中，大型沼气工程（含特大型）5518处，总池容1334万立方米；农村沼气工程供气户数总量58.8万户，发电装机容量32.38万千瓦时[*]。

2021—2023年全国农村沼气发展情况（年末累计）

年份	户用沼气（万户）	沼气工程（处）	中小型沼气工程（处）	大型沼气工程（含特大型）（处）
2021	2 309.54	93 140	86 049	7 091
2022	1 517.80	75 115	68 481	6 634
2023	1 131.64	67 742	62 224	5 518

二、秸秆能源化利用

2023年，全国秸秆热解气化集中供气工程133处；秸秆固化成型工程1919处，年产量1239万吨；秸秆炭化工程52处，年产量15万吨。燃料领域使用秸秆6000多万吨，北方农村秸秆打捆直燃清洁供暖面积1856万平方米。

2021—2023年全国秸秆利用工程情况（年末累计）

年份	秸秆热解气化集中供气（处）	秸秆固化成型（处）	秸秆炭化（处）
2021	175	2 731	79
2022	155	2 426	75
2023	133	1 919	52

三、太阳能利用

2023年，全国太阳房37万多处，太阳能热水器超过4101万台，太阳灶超过73万台；全国8.3万座村级光伏帮扶电站年发电177.66亿千瓦时，发电收入总额132.41亿元，累计带动设立脱贫人口公益性岗位94.24万个。

2021—2023年全国太阳能开发利用情况

年份	太阳房		太阳灶	太阳能热水器	
	数量（处）	面积（万平方米）	数量（台）	数量（万台）	面积（万平方米）
2021	313 157	1 930.27	1 334 070	4 439.07	8 084.08
2022	341 909	1 397.08	801 825	4 301.96	7 791.83
2023	373 807	2 452.97	735 704	4 101.90	7 798.52

---

[*]《全国农村可再生能源统计年报》

制度建设

2023年3月，国家能源局、生态环境部、农业农村部、国家乡村振兴局印发《关于组织开展农村能源革命试点县建设的通知》，在全国范围内启动农村能源革命试点县建设。河北围场、山西浮山、内蒙古库伦、吉林蛟河、江苏溧阳、浙江安吉、安徽长丰、福建云霄、山东文登、河南唐河、湖北天门、湖南沅陵、广西宾阳、四川康定、陕西澄城15个县（市、区、旗），纳入第一批农村能源革命试点县名单。

2023年11月，生态环境部等11部门联合印发《甲烷排放控制行动方案》，明确了"十四五"和"十五五"期间甲烷排放控制目标。该方案指出，"十四五"期间逐步建立甲烷排放控制政策、技术和标准体系，有效提升甲烷排放统计核算、监测监管等基础能力，推动甲烷资源化利用和排放控制工作取得积极进展，实现种植业、养殖业单位农产品甲烷排放强度稳中有降。

2023年11月，国家发展改革委、工业和信息化部、市场监督管理总局、住房城乡建设部、交通运输部联合印发《关于加快建立产品碳足迹管理体系的意见》。意见指出，按照团体标准先行先试、逐步转化为行业标准或国家标准的原则，研究制定重点产品碳足迹核算规则标准，条件成熟的可直接制定国家标准或行业标准，发布规则标准采信清单，为企业、机构提供统一规范的规则标准。

农村沼气安全生产管理

一、加强农村沼气安全技术指导

2023年，生态总站组织专家赴地方开展农村沼气安全生产检查指导工作。协调专家组成员赴宁夏、河北、新疆、山西省份地开展沼气安全专题培训和现场技术指导等工作。

专家指导组年度工作会议在山东济南召开

沼气安全专题培训

二、组织开展沼气专项排查整治

生态总站协助农业农村部科学技术司组织开展农村沼气专项排查整治2023行动，指导各地利用微信小程序等信息化手段，开展农村沼气设施的摸底排查，推进安全隐患整治，建立了包括347万处户用沼气池和3.2万处沼气工程的沼气设施台账。

三、强化安全处置技术支撑

针对东北与华北地区气候冷凉、户用沼气闲置多、易出现安全隐患等问题，梳理总结农村沼气设施安全处置的有效路径，提炼不同类型农村沼气设施安全处置技术模式；研究制定沼气安全处置技术规程与技术指导手册，明确沼气安全生产存在的隐患和稳定运行要求。

四、开展安全生产月系列活动

2023年6月，生态总站在四川绵阳举行全国农村能源安全生产月活动启动仪式暨农村户用沼气安全处置现场演示活动，在全国安全生产宣传咨询日举办全国农村沼气安全科普宣传线上讲座，进一步加强农村沼气安全生产宣传指导，提升农村沼气安全生产水平。

全国农村能源安全生产月活动

农业农村减排固碳

一、指导地方推进减排固碳工作

生态总站组织专家对山西、广西、江西、四川、广东等省份进行专题授课培训。在海南海口举办农业农村减排固碳政策与技术培训班，邀请相关专家详细讲解农业农村减排固碳政策和技术，进一步提升农业环能体系管理技术人员的理论水平和业务能力。

二、总结推介减排固碳技术模式

生态总站聚焦稻田种植、家畜养殖、粪污资源利用等领域，总结提炼4项农业农村减排固碳技术模式，其中"畜禽粪污集中处理低碳循环利用技术"被列为2023年农业主推技术。制作《农业农村减排固碳典型案例——生物质能替代》宣传画册，向行业体系进行宣传推介。

三、跟踪调查农业农村减排固碳项目

聚焦农业农村领域自愿减排方法学研究，组织翻译《基于项目的温室气体减排量评估技术规范 农村沼气工程》。跟踪了解山东民和牧业和甘肃方正节能等企业的沼气工程减排交易情况，指导部分大型沼气生物天然气工程试点开发农业农村领域温室气体自愿减排项目。

培训宣传与技术推广

一、培训宣传

2023年4月，中国农业农村低碳发展论坛暨第十六届农业环境峰会在北京举行，会议发布了《2023中国农业农村低碳发展报告》。报告全面分析了我国农业农村低碳发展现状，指出我国农业碳排放是基础性、生存性排放，剖析了当前我国农业农村低碳发展面临的主要问题和挑战，提出完善农业低碳发展长效激励机制，完善碳排放监测网络和减排固碳核算评价体系，协同推进丰产增效与绿色低碳发展。

生态总站举办专家访谈、宣传讲座等活动，分别为天津、甘肃、吉林、山东等省份农村能源体系进行专题授课，进一步提升基层推广人员服务水平。

农民素质素养提升课堂

北方地区农村冬季清洁取暖技术及安全使用专家访谈

二、总结提炼典型模式

生态总站深入挖掘各地典型经验做法，组织专家对农村可再生能源清洁取暖的技术模式进行总结遴选，形成秸秆打捆直燃集中供暖、生物质成型燃料集中供暖等10项可复制可推广的典型技术模式，指导各地进行推广应用。

技术模式

三、低碳乡村培育建设

生态总站配合农业农村部科学技术司赴安徽、广西等6个省份开展专题调研，了解各地低碳乡村培育进展情况和好的经验做法，印发《关于开展低碳乡村培育工作的通知》。

2023年4月，生态总站在山东济南召开低碳乡村建设研讨会，组织各省份农村能源管理部门主要负责人和行业专家进行研讨，总结交流低碳乡村建设的实践经验，共同探讨新时期农村能源转型发展思路和具体举措。

关于开展低碳乡村培育工作的通知

实地调研

召开低碳乡村建设研讨会

标准工作

一、开展农村能源标准报批和审定工作

完成《秸秆打捆直燃集中供暖工程技术规范》编制工作，组织报批13项农业沼气行业标准，推动制定发布了《生物质清洁暖风壁炉》（NB/T 11235—2023）、《空气源热泵供暖系统运维管理规范》

（NB/T 11238—2023）、《家禽养殖场太阳能多能互补采暖系统通用要求》（NB/T 11242—2023）、等10项农村能源行业标准。

二、履行沼气国际标委会秘书处职责

生态总站积极发挥国际标准化组织沼气技术委员会（ISO/TC 255）秘书处重要作用，新提出《沼气发酵物料产甲烷潜力测试方法》《生物质气化生产生物甲烷：工厂设计、安装和运行》《光学法测定沼气中硫化氢含量》《沼气发电项目的运营和管理规范》4个国际标准提案，提升中国沼气行业国际影响力。

三、加大标准宣贯力度

生态总站通过官网专栏、线上会议、微信公众号等形式，对农业农村能源领域行业标准、国家标准和国际标准进行宣贯。

标准审定工作会议

国际标准化组织会议

生态循环农业建设

基本情况

2023年，新培育生态农场345家。其中，种植型农场242家，养殖型农场27家，种养结合型农场76家。目前，已累计培育生态农场776家，带动各地培育省级生态农场2 000多家。

制度建设

2023年3月，生态总站开发种养结合型农场注册填报系统、养殖型农场注册填报系统、种植型农场注册填报系统等工具，为各省市种养结合型农场、养殖型农场和种植型农场的注册、登记与申报提供了平台。

北京协调市银保监局，组织相关金融机构进行对接，对生态农场给予授信贷款、延长贷款周期、贴息补助等政策。重庆印发《重庆市生态农场监测技术方案》，通过定期监测指导农场完善生产管理台账，提高建设水平。海南制定《生态农场建设与评价规范》地方标准，规范优化省内主体培育工作。湖北推动将生态农场培育正式列入省级创建示范活动，并将其纳入生态省考核指标范围。上海基于生态农场固碳减排情况，探索技术措施与减排制度。浙江以生态农场为载体成立浙农优品共富联合体，构建信息联通、技术联享、产销联动、利益联结的互联机制。

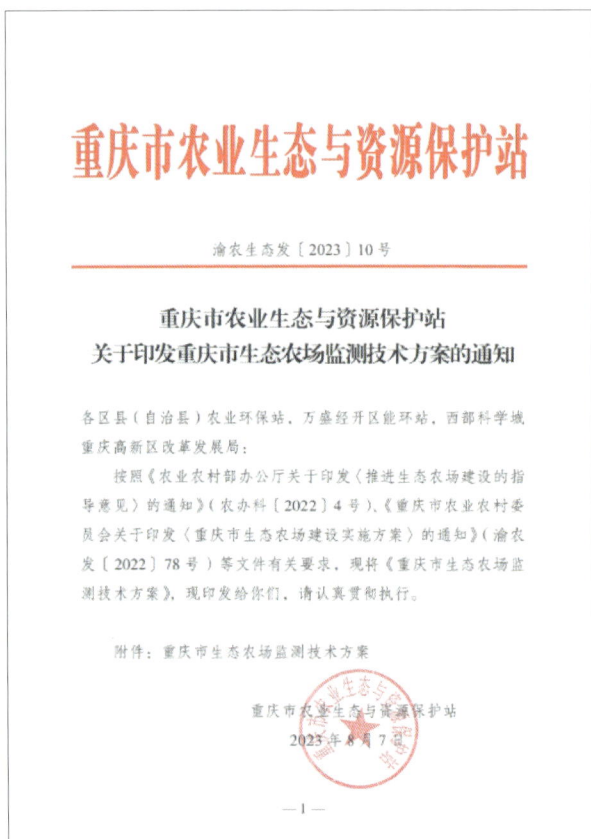

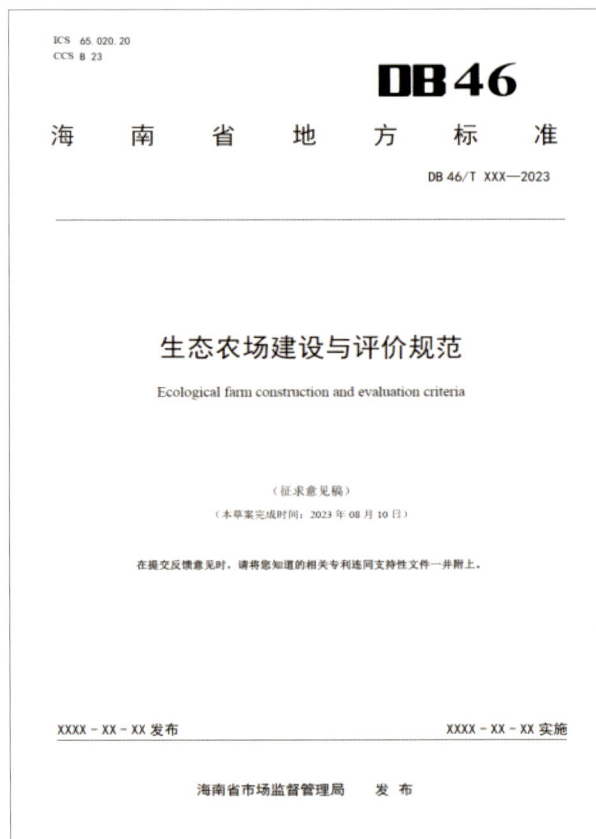

生态农场培育

2023年，生态总站与中国农业生态环境保护协会继续推进生态农场培育工作，优化工作流程，组织技术培训，进一步提升培育质量，全年指导培育生态农场345家，并与中国农业大学联合培养"生态农场"专项研究生，加强技术支撑力量。

生态农场建设

宣传培训

2023年9月，生态总站联合中国农业生态环境保护协会在苏州举办第五届生态低碳农业研讨会，来自全国各地的专家、技术人员、农场代表参加了会议。

低碳农业研讨会

　　河南组织生态农场产品宣传展示活动，向市民宣传生态农场、传播生态农业理念。重庆为生态农场制作宣传片，并组织生态农场走进第21届中国西部国际农产品交易会。

河南省首届生态农场产品宣传展示活动

农产品交易会

秸秆综合利用

基本情况

全国农作物秸秆产生量8.65亿吨，可收集量7.31亿吨，利用量6.44亿吨，综合利用率达到88.1%。其中，秸秆肥料化、饲料化、燃料化、基料化、原料化利用率分别为57.6%、20.7%、8.3%、0.7%和0.8%。秸秆直接还田量3.82亿吨，离田利用量2.62亿吨，离田利用效能不断提升（数据来源于2023年农作物秸秆资源台账）。

制度建设

2023年5月，农业农村部办公厅印发《关于做好2023年农作物秸秆综合利用工作的通知》，加强工作部署，全面实施秸秆综合利用行动，提出年度目标，全国秸秆综合利用率保持在86%以上。建立分区域、分作物秸秆还田模式，强化典型示范引领。每个重点县建设不少于4个秸秆综合利用展示基地，展示秸秆利用新技术、新成果，推广应用可操作、能落地的秸秆利用模式。

生态总站先后发布《2023年春耕期间东北地区秸秆科学还田指导意见》《2023年"三夏"黄淮海地区小麦秸秆科学还田指导意见》《2023年南方双季稻区早稻秸秆科学还田指导意见》和《2023年秋收农作物秸秆科学还田指导意见》，指导各地开展秸秆科学还田、做好还田地块的科学管理，做好耕地保育，确保下茬作物稳产丰收。

河南印发《2023年河南省秸秆禁烧工作方案》，召开全省秸秆禁烧工作会议，健全完善秸秆禁烧常态化管控机制；印发了《关于遴选2023年中央财政支持秸秆综合利用项目县的通知》，建设32个秸秆综合利用项目县。

四川制定全省2023年秸秆综合利用实施方案和农作物秸秆综合利用工作要点，因地制宜谋划"两区一带一片"秸秆产业空间布局。编撰了《四川秸秆综合利用发展报告》，为全国秸秆综合利用提供了典型经验做法。

农作物秸秆资源台账

目前，农业农村部已建立了覆盖全国31个省份和新疆生产建设兵团产生秸秆的2 954个县级单位、使用秸秆的3.72万个市场主体，以及35.2万抽样农户的农作物秸秆资源台账，全年秸秆综合利用率达88.1%，台账数据质量和影响力不断提升和扩大。

秸秆还田生态效应监测

2023年，生态总站进一步完善秸秆还田监测工作，长期定位监测点增至42个，指导还田利用率超过40%的重点县开展还田监测。持续监测研究秸秆还田后粮食产量、土壤理化性状、病虫草害发生规律、农田主要温室气体排放、水环境变化等情况，为科学全面评价秸秆还田的生态环境效应，指导秸秆还田生产实际、优化秸秆还田技术模式、辅助秸秆还田决策提供科学理论依据。

秸秆还田生态效应监测点

秸秆综合利用重点县建设

2023年，农业农村部办公厅印发《关于做好2023年农作物秸秆综合利用工作的通知》，全面实施秸秆综合利用行动，提出了400个左右重点县、1 600个秸秆综合利用展示基地的建设目标。生态总站承担秸秆综合利用技术支撑工作，深入推进重点县域展示基地建设。

玉山县秸秆综合利用收储中心

宣传培训

生态总站组织召开秸秆综合利用现场培训活动，交流经验做法，强化示范带动。全年各地举办秸秆综合利用技术交流培训2 600多次。总结推介秸秆科学还离田利用、禁烧管理等有效做法和典型经验，与人民日报、新华社、农民日报等主流媒体加强合作，深入发掘亮点典型，在中央和省级主流媒体报道200余次。

农作物秸秆综合利用项目总结交流

全国秸秆综合利用现场交流

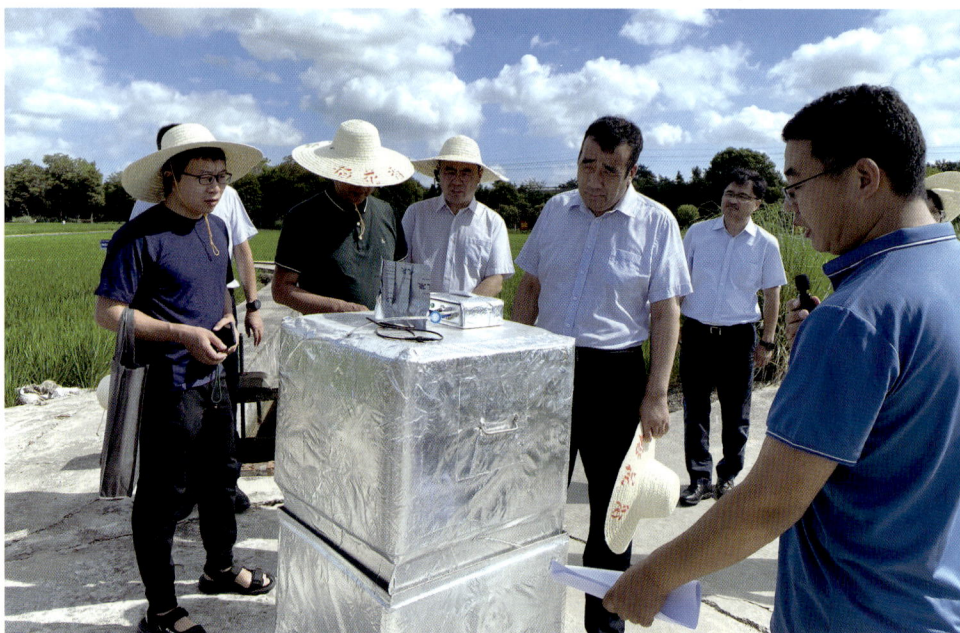

秸秆还田生态效应监测交流

农业绿色发展

基本情况

2023年，全国农业绿色发展取得积极进展，农业资源保育能力稳步增强，农产品产地环境明显改善，农业生态系统持续修复，农业绿色产业链条加速打造。农业农村部等8部门对两批79个国家农业绿色发展先行区建设进展情况评估，遴选确定了第四批80个国家农业绿色发展先行区，发布了47个农业绿色发展典型案例。

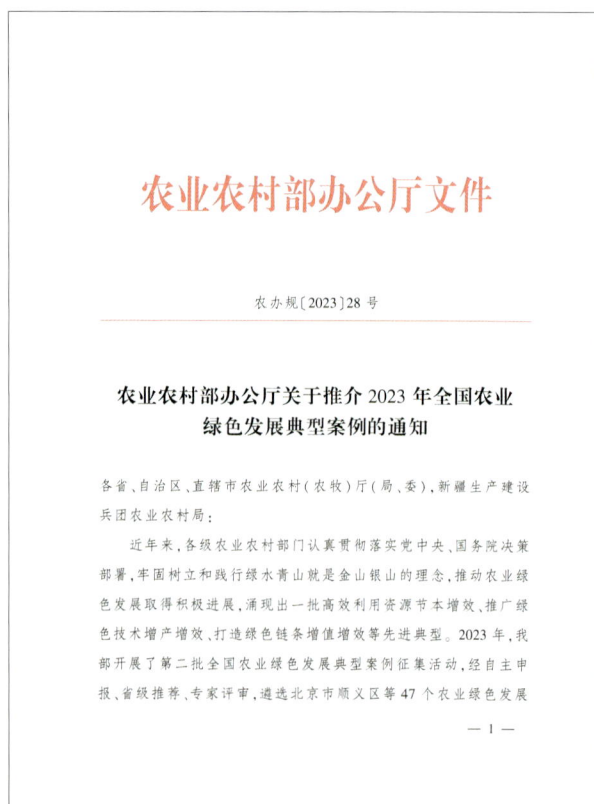

推介2023年全国农业绿色发展典型案例的通知

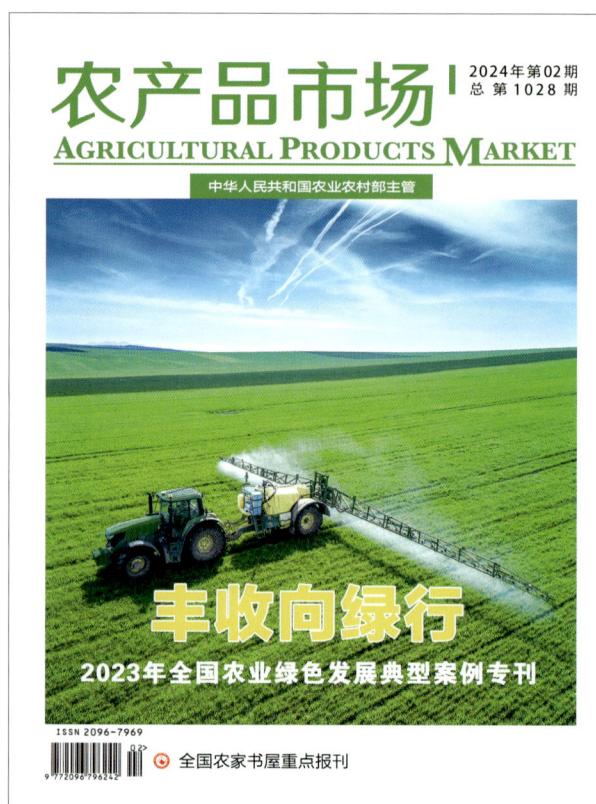

2023年全国农业绿色发展典型案例专刊

制度建设

2023年3月，农业农村部办公厅印发《国家农业绿色发展先行区整建制全要素全链条推进农业面源污染综合防治实施方案》，在29个国家农业绿色发展先行区率先实施整建制全要素全链条推进农业面源污染综合防治试点，探索农业面源污染综合防治整体解决方案。通过加强系统设计、聚集资源力量、健全协同机制，推进农业面源污染综合防治各项措施落实落细。

2023年4月，农业农村部办公厅、中国农业银行办公室、中国中化控股有限责任公司办公室联合印发《关于印发支持国家农业绿色发展先行区建设 促进农业现代化示范区全面绿色转型有关工作方案的通知》，共同推动质量兴农、绿色兴农。

国家农业绿色发展先行区整建制全要素全链条推进农业面源污染综合防治实施方案

支持国家农业绿色发展先行区建设 促进农业现代化示范区全面绿色转型有关工作方案

2023年10月，农业农村部办公厅印发《农业绿色发展水平监测评价办法（试行）》，确定了资源节约利用、产地环境治理、农业生态修复、绿色产业发展、绿色技术支撑等5类18项评价指标，明确了评价程序与方法要求，提升了农业绿色发展评价的现代化、标准化水平。

农业绿色发展水平监测评价办法（试行）

国家农业绿色发展先行区

2023年5月，农业农村部通报了2017年、2019年创建的两批79个先行区建设进展情况评估结果，14个先行区评估等次为"好"，53个先行区评估等次为"较好"，12个先行区评估等次为"一般"。

2023年11月，农业农村部、国家发展改革委等8部门公布了第四批国家农业绿色发展先行区创建名单，北京怀柔等80个申报单位被列入创建名单，国家农业绿色发展先行区总数达到208个。

关于公布第四批国家农业绿色发展先行区创建名单的通知

第四批国家农业绿色发展先行区创建名单

序号	名称	序号	名称
1	北京市怀柔区	6	河北省乐亭县
2	天津市静海区	7	山西省大同市云州区
3	河北省定兴县	8	山西省稷山县
4	河北省魏县	9	山西省临猗县
5	河北省张家口市崇礼区	10	内蒙古自治区五原县

（续）

序号	名称	序号	名称
11	内蒙古自治区喀喇沁旗	38	山东省新泰市
12	内蒙古自治区包头市九原区	39	山东省无棣县
13	内蒙古自治区扎赉特旗	40	山东省平阴县
14	辽宁省康平县	41	山东省青州市
15	辽宁省新民市	42	河南省信阳市
16	辽宁省彰武县	43	河南省原阳县
17	吉林省公主岭市	44	河南省临颍县
18	吉林省辉南县	45	河南省南乐县
19	吉林省永吉县	46	湖北省京山市
20	黑龙江省桦川县	47	湖北省石首市
21	黑龙江省通河县	48	湖北省团风县
22	黑龙江省黑河市爱辉区	49	湖南省岳阳市君山区
23	黑龙江省宝清县	50	湖南省桃江县
24	上海市金山区	51	湖南省韶山市
25	江苏省盐城市	52	广东省高州市
26	江苏省丹阳市	53	广东省肇庆市高要区
27	江苏省苏州市吴江区	54	广西壮族自治区南丹县
28	江苏省南通市海门区	55	广西壮族自治区合浦县
29	安徽省南陵县	56	广西壮族自治区恭城瑶族自治县
30	安徽省太湖县	57	四川省蒲江县
31	安徽省金寨县	58	四川省威远县
32	安徽省砀山县	59	四川省攀枝花市仁和区
33	福建省尤溪县	60	四川省洪雅县
34	福建省福清市	61	四川省开江县
35	福建省安溪县	62	重庆市奉节县
36	江西省庐山市	63	重庆市巫山县
37	江西省资溪县	64	重庆市涪陵区

（续）

序号	名称	序号	名称
65	贵州省榕江县	73	陕西省留坝县
66	贵州省织金县	74	陕西省西安市临潼区
67	云南省洱源县	75	甘肃省庆阳市
68	云南省禄丰市	76	甘肃省天水市秦州区
69	云南省曲靖市麒麟区	77	青海省贵德县
70	西藏自治区山南市乃东区	78	新疆维吾尔自治区博乐市
71	陕西省眉县	79	新疆维吾尔自治区沙雅县
72	陕西省彬州市	80	新疆生产建设兵团第一师十团

2023年11月，农业农村部发展规划司、生态总站联合在湖北安陆召开国家农业绿色发展先行区整建制全要素全链条推进农业面源污染综合防治试点建设研讨会，交流农业面源污染综合防治经验做法，现场观摩农业面源污染防治技术模式，部署试点工作。

国家农业绿色发展先行区整建制全要素全链条推进农业面源污染综合防治试点建设研讨会

宣传示范

2023年5月，生态总站、衢州市农业农村局联合在浙江省衢州市召开生态农业发展现场会暨共建绿色低碳农业先行区活动，解读生态农业发展政策、交流农业碳账户建设经验。

生态农业发展现场会暨共建绿色低碳农业先行区活动

2023年9月，生态总站与新余市人民政府在北京举行合作框架协议签约仪式，明确双方将在生态低碳农业发展、农业面源污染综合治理、绿色发展水平监测评价、乡村生态振兴模式构建等方面开展合作，共同努力将新余打造成全国领先的生态低碳农业发展先行市。

生态总站与新余市人民政府签订合作框架

国际交流

基本情况

2023年，农业环能体系与德国、英国、意大利等国家农业机构积极开展生态环境领域合作，扎实做好履约谈判支撑。生态总站先后派员参加生态系统服务政府科学政策平台第十次全体会议，《生物多样性公约》科学、技术和工艺咨询附属机构第25次会议，《联合国气候变化框架公约》第28次缔约方大会等活动。全力做好全球环境基金（GEF）项目、联合国开发计划署（UNDP）项目实施与谋划，涉及生物多样性保护、气候变化和能源等多个领域。《农业生态与资源保护国际信息快报》定期发布，分享行业国际前沿动态信息。

中英农业绿色发展合作

生态总站作为《中英农业绿色发展合作谅解备忘录》的中方执行机构，配合农业农村部国际合作司做好2023年英国环境、食品和农村事务大臣特蕾莎·科菲女士来访支撑工作。派员赴英国开展农业绿色发展技术交流，访问国际应用生物科学中心（CABI）、东英吉利大学（UEA）、中英可持续农业创新协作网（SAIN）等机构，就外来入侵物种防控、绿色低碳农业技术、英国农业转型政策等开展深入交流，有力促进了中英绿色农业合作发展。

国际履约谈判支撑

赴阿拉伯联合酋长国，参加《联合国气候变化框架公约》第28次缔约方大会，筹备谈判对案，

派员参加《联合国气候变化框架公约》第28次缔约方大会

重点围绕农业应对气候变化和粮食安全等议题开展深入磋商，并在中国角"中国甲烷控排努力、进展和机遇"边会中作"中国农业甲烷控排实践"主旨发言。

生态总站跟踪农业生物多样性、农业应对气候变化领域国际公约履约谈判，研提对案口径材料。派员赴德国，参加生物多样性和生态系统服务政府间科学政策平台（IPBES）第10次全体会议，参与审议并推动发布《外来入侵物种专题评估决策者摘要报告》，参与全球外来入侵物种情况系统评估，并提出防控建议。

IPBES第10次全体会议

生态总站派员赴肯尼亚，参加《生物多样性公约》科学、技术和工艺咨询附属机构（SBSTTA）第25次会议，围绕"昆明—蒙特利尔全球生物多样性框架"监测执行、生物多样性和生态系统服务、外来入侵物种等议题开展讨论，磋商结果提交至《生物多样性公约》第16次缔约方会议审议。

SBSSTA第25次会议全体会议

国际多双边交流

生态总站会见了全球环境基金（GEF）首席执行官罗德里格兹先生一行，就执行GEF项目有关情况进行了沟通，并就生物多样性、气候变化等领域进一步合作进行了深入交流。

GEF首席执行官罗德里格兹先生到访农业农村部

生态总站派员参加中德两国农业部门共同主办的第九届"中德农业周"活动，并承办"中德生态农业研讨会"，围绕中德两国生态农业理论研究、应用实践和发展方向开展交流。

中德生态农业研讨会专家合影

　　生态总站派员赴联合国粮食及农业组织总部（意大利罗马）同气候变化与生物多样性及环境办公室、全球环境基金（GEF）团队、绿色气候基金（GCF）团队、植物生产与保护司等部门负责人进行了交流，就GEF项目推进、GCF项目申请、农业应对气候变化、外来生物入侵等议题进行了深入讨论。派员赴西班牙青年农民协会与养猪业联盟、农业食品技术研究所（IRTA）等机构，就土壤健康、甲基溴替代、项目管理经验等开展交流，积极开展国际宣传与分享。

拜访粮农代表处

　　严东权站长在第六届虹桥国际经济论坛上，作"中国气候智慧型农业政策措施及发展前景"主旨演讲，就中国气候智慧型农业的背景、政策、实践和前景等情况进行了全面介绍。

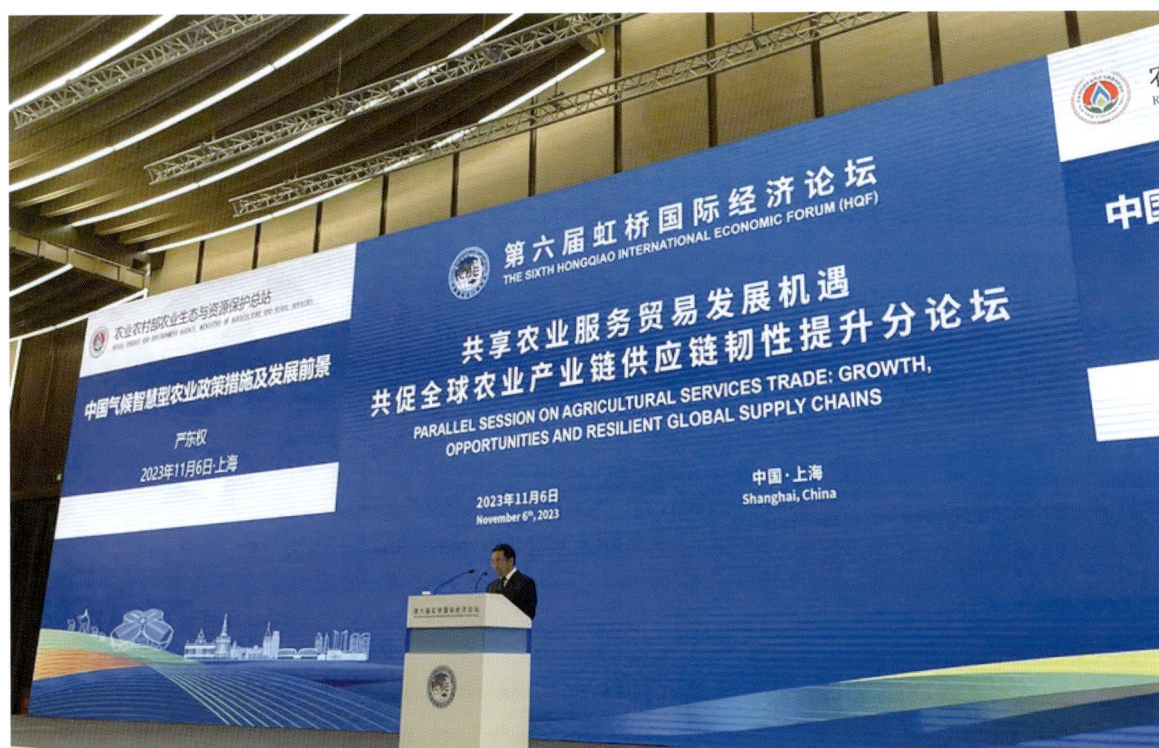

严东权站长在第六届虹桥国际经济论坛上演讲

生态总站召开水稻、苹果减排种植技术国际研讨会，分享中国在水稻、苹果种植与减碳方面开展的积极探索，交流在气候智慧型农业领域的经验；召开农业减排固碳与应对气候变化国际研讨会，围绕技术支撑、政策支持和主体参与等内容开展交流，为推广气候智慧型农业技术提供参考借鉴。

国际项目实施与谋划

一、实施全球环境基金6期气候智慧型草地生态系统管理项目

2023年，项目围绕草原生产力和草牧业生产效益提升目标，继续开展参与式气候智慧型草地生态系统管理技术试点，推广示范草地免耕补播改良、春季休牧和栽培草地建植等技术示范与应用，开展草原生产力、野生动物多样性和社会影响监测与评价，以及畜牧业风险评估及应对研究等工作，顺利完成项目原定指标。

免耕补播对照

2023年度监测活动

二、实施全球环境基金6期中国起源作物基因多样性的农场保护与可持续利用项目

2023年，项目推动印发《2023年河北省现代种业振兴工作方案》，明确提出对谷子、燕麦等传统地方品种进行有效保护，形成了5个保护与可持续利用技术模式。搭建科普长廊和文化长廊、成立巾帼农民合作社、成立中国起源作物基因多样性保护中队，推动建立了长效保护模式。其中，"中国起源作物基因多样性保护中队"制作的种子画被带到了世界粮食计划署（WFP）和FAO总部，宣传效果良好。

项目中期评估现场

项目种子画被带到FAO总部展览

三、实施全球环境基金6期减少外来入侵物种对中国具有全球重要意义的农业生物多样性和农业生态系统威胁的综合防控体系建设项目

2023年，项目形成了海南省和重庆市外来入侵物种管理战略和行动计划，以及协调机制建议的报告。在重庆和海南的项目核心示范区，持续开展目标物种和伴生物种防控技术示范与管理。通过专家授课、现场观摩、资料发放、科普教育基地搭建等方式，对项目区管理人员、技术人员、农民、合作社、企业等不同利益相关方进行培训，提升了项目参与方的防控意识。组织召开第三次规划型项目和子项目指导委员会会议，充分发挥国家项目指导委员会作用，强化部门协调机制。

向海南省文昌市项目区农民科普志愿者颁发证书

四、实施气候智慧型农业——华北平原和东北地区秸秆还田与土壤健康促进项目

2023年，项目针对秸秆可持续还田与土壤健康关键障碍因素，集成构建还田模式5套，总结形成推广技术4种，有效提升秸秆还田技术支撑能力。项目举办农业减排固碳与应对气候变化国际研讨会、气候智慧型农业秸秆还田与土壤健康培训班。

河北省邯郸市肥乡区示范区现场调研

五、实施全球环境基金7期面向可持续发展的中国农业生态系统创新性转型项目

2023年，围绕项目总体实施方案，组建了国家和地方层面的专家团队，建立了各级项目管理机制，完成了项目区粮食生产能力提升与生态景观构建示范方案编制，启动了核心示范区建设和生态低碳农业技术示范。开展了项目培训宣传与知识管理，建立了项目远程培训平台，在中国农村远程教育网站等在线学习平台上开设了专题课程。构建了项目监测指标体系，明确了各项指标的监测方法，完成了项目监测指南编制。

面向可持续发展的中国农业生态系统创新性转型项目管理培训班

六、实施全球环境基金7期中国零碳村镇促进项目

2023年，项目成立国家项目指导委员会、项目办公室，以及省级农业农村厅牵头的省级项目指导委员会，指导审查项目进展、协调和解决项目问题。筹建了涵盖可再生能源、碳核算、农村建筑节能、乡村生态发展等领域的专家团队，为项目实施提供技术支持。组织召开全球环境基金中国零碳村镇促进项目启动会和技术培训班，加强项目管理技术人员能力建设。

全球环境基金中国零碳村镇促进项目启动会暨第一次指导委员会

七、谋划推进全球环境基金8期中国生态低碳大食物系统项目

该项目旨在推动"大食物观"和"生态低碳"的发展理念，促进农业与食物系统转型，提高食物产出能力，保障粮食和重要农产品稳定安全供给，助力农业强国建设和乡村全面振兴，为全球重要农产品可持续生产和价值链构建提供经验借鉴和示范样板。

地方实践

定西市全力推动农业生态与资源保护工作高质量发展[*]

近年来，甘肃省定西市农业生态与资源保护系统深入学习贯彻习近平生态文明思想，以"明定位、稳队伍、提素质、强服务"为宗旨，强化队伍建设，优化岗位配置，精准施策，主动作为，全力推动全市农业生态与资源保护工作高质量发展。

一是加强体系建设，夯实工作基础。针对农业生态资源保护工作任务重、压力大，但初期编制少、人员少的问题，定西市农业生态与资源保护技术推广站积极主动向上级主管部门和组织部门汇报衔接，优化岗位配置，开展跨部门、跨系统调配干部，尽可能满足当前工作需要。从机构负责人调配来看，目前市县两级8个农业生态与资源保护机构中，由宣传统战部门副职调任本机构主要负责人的占全系统25%，由区县政府办、政府职能部门和乡镇党委政府正职调任本机构主要负责人的占全系统37%。

二是优化职能设置，提升工作水平。改革前市站单位名称为定西市农村能源站，加挂定西市农业生态环境保护管理站、定西市农业区划办公室两块牌子。机构改革优化机构职能设置，单位名称变更为定西市农业生态与资源保护技术推广站，内设能源室、农环室、办公室。县级根据工作需求，进一步优化机构职能配置，完善运行机制，确保机构改革成效更好发挥。全市农业生态环保体系不断完善，职责不断明确，为全市农业生态环境保护工作提供了有力的制度和组织保障。

三是争取资金保障，提升工作质量。近年来，市县农业生态与资源保护系统主动作为，积极对接各级领导部门和业务主管部门，累计争取到中央专项资金4.4亿元、省级财政专项资金0.42亿元、市县配套资金0.35亿元，实施农业废弃物资源化利用、农村清洁能源示范推广、农膜科学使用回收等方面的项目248个，实现了全市各区县各乡镇全覆盖，为全市农业生态与资源保护工作的高质量发展奠定了坚实的基础。

四是强化科技创新，推广技术模式。积极争取实施国家农业清洁生产项目6项，省级研发项目3项，省市级科技计划项目11项，从生态农业、循环农业、废旧农膜资源化回收利用、尾菜处理利用、受污染耕地安全利用、秸秆能源化利用、冬季清洁取暖等方面开展试验研究，总结形成了干旱半干旱区能源生态优化模式、甘肃中东部地区生态型能源农业经济模式、墙体保温+阳光房+太阳能+户用生物质能集成清洁取暖模式、废旧农膜科学回收资源化利用模式、尾菜低成本规模化处理利用模式、受污染耕地水肥调控+生理阻隔+土壤调理技术模式等一系列易操作、可复制的农业生态资源保护模式。

---

* 报送单位：定西市农业生态与资源保护技术推广站

推荐单位：甘肃省农业生态与资源保护技术推广总站

承德市提高认识　强化措施
不断提升农业野生植物保护工作水平 *

河北省承德市农业环保系统持续完善机构建设，强化人才培养，健全工作机制，持续加强体系建设，不断提升农业野生植物保护工作水平。

一是加强机构建设，提供组织保障。市县两级成立以分管局长为组长、环保站站长为副组长的农业野生植物保护工作领导小组，领导小组办公室设在市县级农业环保站。市级负责全市农业野生植物保护规划、文件、方案的起草制定、指导实施、督导检查等工作；各区县将野生植物保护工作纳入工作议事日程，制订工作制度、实施方案，明确职责分工，纳入考核体系，为工作顺利开展提供保障。

二是加强队伍建设，提升工作能力。承德市农业农村局先后聘请河北省旅游职业学院11位专家为农业野生植物调查专家组成员，指导开展农业野生植物调查和保护工作。自2018年开始，组织市、县负责人和保护点业务骨干参加相关技术培训，市站自行组织县（区）业务负责人和监管员培训，累计853人次。利用网络、科技下乡等方式，发放宣传手册2 000余本，宣传单1 500余张，把农业野生植物保护宣传到人民群众中去。

三是加强机制建设，严格各项制度。严格使用项目资金，突出"三专一封"制度，资金实行封闭运行，保证专款专用。制定严格的管护管理制度，县级农业农村局指定熟悉农业野生植物资源的技术人员作为负责人，进行保护点日常管理、观察记载和技术指导，看护人员对保护点进行维护、巡查。建立进入保护点人员登记制度及保护制度，保证保护点及周边不受开矿、取水、乱砍滥伐、过度放牧等外来生产活动和污染源威胁，完善了保护点管护长效运行机制。

四是加强条件建设，提升保护水平。注重资料留存，对保护点的基础设施、农业野生植物生长情况进行了详细记录，对相关图片、影像资料等进行了完好保存。利用"云采集"数据平台，每年两次对项目区进行调查，包括调查区域类型、变化情况描述、生境特点、地貌土壤类型、保护物种种群密度、所见其他物种、威胁因素等。鼓励申报，邀请专家到现场鉴定发现的珍稀资源，对具有保护价值的农业野生植物资源组织申报原生境保护点项目。

* 报送单位：承德市农业环境与农产品质量管理站
　推荐单位：河北省农业环境保护监测总站

三门峡市完善专职专责机构　夯实农业生态与资源保护事业根本保障[*]

河南省三门峡市农业农村局组建成立农业生态与资源保护站，完善农业生态环境保护管理机构，壮大专业技术人员队伍，保障农业生态与资源环保事业顺利发展。

一是拓宽科技服务职能。除保留土肥站、能源办原有职能外，将秸秆综合利用、耕地土壤污染防治、耕地质量提升等职能进一步整合，特别强化了面源污染和土壤污染治理能力，有助于推进农业绿色发展。

二是提升技术装备条件。原三门峡市土肥站土壤检验室总面积260平方米，通过了河南省技术监督局计量认证，是具备各种肥料养分检测、土壤理化分析能力的检验机构。土肥站与生态资源站的整合，不但进一步提高了耕地污染预警监测能力，而且为耕地污染防治和耕地质量提升提供了强有力的技术支撑。

三是加强示范平台建设。在全市建立地膜回收网点21个，以用膜大县渑池县为试点平台，投资439万元开展地膜科学使用回收项目。在陕州区、渑池县开展秸秆综合利用项目县建设，推进秸秆"五料化"技术模式与秸秆收储体系建设，建立秸秆收储（站）点129个，秸秆禁烧实行网格化管理。建立健全全市耕地土壤污染防治预警体系，2023年全市建立优先保护类和安全利用类耕地监控样点位185个，对农产品和土壤样品协同采集检测。

---

* 报送单位：三门峡市农业生态与资源保护站
　　推荐单位：河南省农业生态与资源保护总站

运城市强机构 提能力 抓落实
扎实推进农业生态环境保护工作[*]

山西省运城市深入贯彻习近平生态文明思想，主动适应当前农业生态环境保护工作面临的新形势新要求，全面深化机构改革，不断加强体系队伍建设，积极完善工作机制，着力打造一支信念坚定、结构优化、素质良好、专业过硬的高水平干部队伍，全力推动农业生态环境保护高质量发展。

一是资源整合，强化机构建设。运城市农业生态与资源保护站由原运城市农业生态环境建设工作站、运城市农业资源区划与名优产品发展中心的农业资源区划和遥感监测等职能职责部门整合组建而成。在合理设置机构、科学设定岗位的基础上，着力从工作职责、工作任务上实现省市县无缝对接入手，理清思路，明晰目标，落实落细工作内容和推进举措，推动全市农业生态环保工作有序开展。

二是建强队伍，提高履职能力。在干部配备、技术人员使用中，以道德人品为优先、业务素质为重点，充分考虑特长、能力、资历等，以事择人、依事选人，真正把每一名干部放到合适的岗位上，尽可能发挥好干部的特长和优势。坚持请进来和走出去相结合，通过举办线上线下培训班、组织市县技术骨干积极参加国家和省级业务培训，深入开展农技人员进村入户技术服务等措施，探索构建分层次、多形式、重实效的培养体系。搭建成长平台，组织年轻干部驻村帮扶，开展调研和外出学习，助力年轻干部快速成长。

三是完善机制，全力抓好落实。加强分级分类指导，与13个县（市、区）和重点项目建立责任明确的包联指导制度，对发现的问题及时响应、及时推动解决。对重点工作任务认真梳理，列出清单，建立台账，明确任务名称、任务来源、责任人和推进举措，定期检点、督促进展情况，建立目标管理台账制度。对反光膜回收利用、秸秆综合利用等重点工作任务强化绩效跟踪，建立定期调度制度，定期开展工作调度。在工作调度的基础上对各县（市、区）工作开展情况进行排名，并积极发掘各地工作推进中的亮点做法和案例，通过微信工作群等渠道通报。

＊ 报送单位：运城市农业生态与资源保护站
　　推荐单位：山西省农业生态保护与资源区划中心

白城市完善机构设置　加强队伍建设
为农业绿色发展保驾护航*

　　吉林省白城市面对农业生态环境保护工作新形势，不断完善体系机构设置，加强队伍建设，吸纳优秀人才，提高工作能力，建设一支结构优化、素质良好、富有活力的高水平体系队伍，为全市农业绿色发展做好全面支撑。

　　一是创新机制，深化改革。探索新形势下队伍管理的新办法、新途径，完善单位干部人事管理制度，规范人员管理和资金分配制度，形成广纳群贤、充满活力的用人机制。建立岗位管理制度，建立按需设岗、按岗聘用、竞争择优、合同管理的聘任机制，使人力资源配置与事业发展相适应。

　　二是拓宽渠道，广纳人才。针对高层次、复合型人才，以"瀚海学子回归计划"等为平台，深入重点院校，大力引进紧缺、急需专业的优秀高校毕业生。支持人才"柔性"流动，采取聘请顾问、交流进学、合作研究、共同开发等方式扩大智力引进，落实各项人才引进政策，推进事业发展。

　　三是加强培养，提升素质。坚持人才需求多样性与人才培养方式多样性相结合、专业培训与岗位培训相结合、知识培训与本事培养相结合、理论培养与实践培养相结合，深入开展"学习型组织"和"知识型职工"活动，注重培训实效、创新培训方法、拓宽培训渠道，探索构建分层次、分类别、多渠道、多形式、重实效的教育体系，加快个人知识储备和能力提升。

---

　　*　报送单位：白城市农业环境保护与农村能源管理站
　　　　推荐单位：吉林省农业环境保护与农村能源管理总站

宣城市打造高素质农村能源工作体系
加快推进农业绿色高质量发展*

近年来，安徽省宣城市积极推进农业资源环境保护和农村能源生态建设体系改革，优化机构、扩充力量，形成了业务顺畅、职责明确的工作体系，加快推进农业绿色高质量发展。

一是强化机构建设，理顺工作关系。合理设置机构。宣城市于2012年、2016年和2019年开展三次机构改革，专门成立市农村生态能源发展机构，承担体系具体工作。做好工作调度。加设市农业农村领域生态文明与环境保护专委会办公室，具体负责全市农业农村领域生态环境保护督察事项，建立问题响应销号机制，实现对口问题高效认领、专人专办，有效克服"多部门承接、效率低下"问题。

二是强化队伍建设，提高履职能力。严把入口关。坚持择优选聘和人才引进相结合，以专业能力为优先、业务素质为重点落实技术干部录用，实现技术骨干年轻化、专业化。严把培训关。推行"领导结对帮扶"和"跟班学习"制度，组织新录用干部进工作专班跟班学习，领导作为带教导师开展"帮传带"，全面提升干部素质能力。严把激励关。定期召开年轻干部座谈交流会，组织开展实地考察，创造安排挂职锻炼、担任科技特派员机会，打造复合型人才。

三是打造工作抓手，优化工作效能。以收储转运为重点推进秸秆综合利用。构建乡镇＋收储经纪人＋利用主体的秸秆离田利用模式，落实秸秆打捆离田政策，推行秸秆打捆农机具购置补贴，争取中央农业生产社会化服务项目，扶持秸秆打捆离田经纪人，破解丘陵山区量分散、收集难、效益低问题。以回收网点建设为重点推进农膜农药废弃物利用。以乡镇为单位、种植大户和农资经营店为主体构建回收网点开展回收处理，打造"生态美超市"，实行"积分换物"模式，建立农业废弃物回收利用体系。以质控把关为重点推进外来入侵物种普查。落实全过程质控、全员质控、逐级分类质控、内控与外控相结合，抽调植保专家开展质控工作，明确专人负责数据常态化审核，保证普查数据质量，实现外来入侵物种普查高效推进。

* 报送单位：宣城市农村能源站
推荐单位：安徽省农村能源总站

绵阳市构建治理长效机制
攻坚农业面源污染[*]

四川省绵阳市常年秸秆产生量约310万吨，畜禽粪污产生量约1 200万吨，农业面源污染治理面临严峻挑战。市委、市政府高度重视农业面源污染治理工作，构建了长效治理机制，取得了良好成效。

一是构建全区域覆盖的规划体系。印发《绵阳市"沃野绵州"现代生态循环农业发展规划（2016—2030年）》《绵阳市创新体制机制推进农业绿色发展实施方案》《绵阳市农业面源污染防治规划》《绵阳市农业固体废弃物综合利用规划》《绵阳市畜禽养殖污染防治规划》等，按照"大生态、大农业、大循环"发展理念进行全域规划，对农业面源污染防治进行精准定位，从顶层设计确保农业面源污染防治全覆盖。

二是构建全社会参与的推进机制。健全组织保障机制。成立农业面源污染防治联席会议机构，负责全市农业面源污染防治的组织、协调和督促工作，形成打好农业面源污染防治攻坚战的工作合力。强化协同推进机制。建立上下贯通、横向联动、区域协作的推进机制，做到目标同向、力量同汇、措施同聚。

三是构建全要素的保障机制。建立生态补偿制度，依法追究因不合理开展农业生产活动造成土壤、水体、生物和大气污染的主体的污染治理与经济赔偿责任。探索建立保护与治理长效机制，培育专业化企业和组织从事农业废弃物资源化利用和农业污染治理。强化全链条科技支撑机制，聘请四川农业大学、四川农业科学院等科研院所专家组成绵阳市农业面源污染治理专家小组，分环节、分生态类型推进农业面源污染治理技术集成创新，构建单项突破和整体治理兼顾的技术支撑体系。

四是健全多层级的评估考核机制。绵阳市政府将农业面源污染治理工作列入对各县（市、区）政府、园区管委会综合目标责任考核内容，绵阳市生态环境委员会将农业面源污染治理列入生态环保"党政同责、一岗双责"考核内容，对重点工作落实情况进行跟踪督查、动态管理、定期通报，充分调动各级各部门打好农业面源污染防治攻坚战的积极性。

---

[*] 报送单位：绵阳市农业农村局
  推荐单位：四川省农业生态资源保护中心

长沙市健全机制　创新方法　扎实抓好外来入侵物种防治[*]

　　湖南省长沙市农业农村局充分利用人、财、物等方面有利条件，健全工作机制，创新工作方法，坚定贯彻落实国家生物安全方针政策，积极建设外来入侵物种防控工作体系，促进业务工作高效履职。

　　一是建立工作责任机制，画好外来物种防控"同心圆"。长沙市委农办对"三农"工作牵头抓总，编制印发《长沙市外来入侵物种防治联席会议制度》，设立外来入侵物种防治联席会议办公室，由9个市直单位组成联席会议，明确联席会议职责，完善成员单位职能分工，延长外来入侵物种防控触角，形成区域全覆盖、信息能共享、工作有衔接、部门有协同的联防联控长效工作制度。

　　二是建立内外联动机制，壮大外来物种防控"朋友圈"。设立"外来物种防控"热线电话，倡导群众依法依规参与外来物种防控，唱响唱好"大合唱"，构筑坚固、稳定的"民防"工程。依托湖南省生态保护联合会志愿者、长沙市野生动植物保护协会和县（区、市）街道、乡镇志愿者服务队，开展外来物种宣传科普进农村、进社区、进市场、进学校、进机关"五进"活动，以城乡接合部、城市抛荒地为重点区域，协调动员志愿者参与外来物种现场除治活动，建立起内外联动工作机制。

　　三是建立院校合作机制，提升外来物种防控"技能手"。与外来入侵物种防控技术优势院校建立常态合作机制，优化产学研资源配置。按照防控技术实用高效原则，针对长沙市主要外来入侵物种——福寿螺，与湖南农业大学签订《长沙地区福寿螺综合防控集成技术研究合同》。农业农村局管理技术人员与专家团队共同组成福寿螺综合防控队伍，为全市做好福寿螺科学防控工作提供坚实的人才队伍保障。

　　四是建立资金保障机制，布设外来物种防控"供给线"。市财政按照事权与支出责任相匹配的原则，加强财政经费保障。每年从长沙市农业农村公共项目预算农业环境专治中列支50万~80万元，主要用于长沙市农业外来入侵物种除治药品、药械、工具采购、技术培训及科普宣传等工作，保证工作有效开展。

---

* 报送单位：长沙市农业农村局
　　推荐单位：湖南省农业农村厅农业资源保护利用处

阿克苏地区完善机构队伍 全力推动废旧地膜回收利用*

　　新疆阿克苏地区不断完善体系机构设置，加强队伍建设，提高工作能力，建设一支结构优化、素质良好、队伍健全的高水平体系队伍，加快推动农业生态建设和环境改善。

　　一是加强技术培训，提升业务能力水平。坚持专业技术与岗位能力培训相结合、业务理论与应用实践培养相结合，注重拓宽培训渠道、能力提升方式和学习培训实效，加快个人知识储备更新和综合素质提升。

　　二是强化平台建设，健全残膜回收利用体系。以现有的供销社联运公司或农机合作社为主体，吸纳种植户、地膜残膜生产加工企业、残膜回收机械生产企业，以及其他有能力、有意愿的经营主体，共同组建制度规范、权责清晰的废旧地膜回收利用合作社，开展社会化有偿服务。购置残膜回收机1 800余台，切实提高残膜回收效率和机械回收率；引导和支持企业建立覆盖县乡村的农田废旧地膜回收网络，建设回收网点114个，实现重点乡镇全覆盖；积极引进地膜回收利用加工生产企业，争取资金对企业予以扶持，提高企业参与积极性。同时将企业生产的残膜回收机械纳入农机购置补贴名录，购置农机给予补贴。

　　三是统筹整合力量，形成多方参与治理机制。统筹政府相关单位、高校科研单位、农机生产企业、地膜生产企业、残膜回收社会化服务组织、残膜回收加工企业、能源化利用企业等，从地膜生产、使用、回收、利用全链条各环节研究残膜治理措施，开展残膜回收机械和膜杂分离机械技术研发及设备改造升级、不同厚度地膜对比试验、0.015毫米以上加厚高强度地膜试点应用等，共促"白色污染"治理。

---

　　*　报送单位：新疆阿克苏地区农业生态与资源保护站
　　　　推荐单位：新疆维吾尔自治区农业生态与资源保护站

平湖市建机制 强队伍 足保障
促进乡村全面振兴[*]

近年来，浙江省平湖市牢固树立新发展理念，把深入开展农业生态治理作为推进农村生态文明建设、实现农业高质量发展的重要抓手，不断构建完善农业生态能源体系建设，为乡村振兴添砖加瓦。

一是健全组织框架，实现农业生态能源治理"高效化"。机构独立制。单独设立平湖市农业生态能源站，牵头统筹农业生态治理综合性业务，做到条线与部门间工作上传下达、内外兼修。组长领导制。市主要领导亲自谋划，成立农业生态能源相关10多个工作领导小组，主要包括农业面源污染防治、农作物秸秆"双禁"和综合利用、土壤污染防治等，切实增强组织保障。网格督考制。将相关工作纳入各镇（街道）的年度绩效目标，确保农业生态能源工作扎实推进。

二是强化优苗共培，实现农业生态能源队伍"专业化"。组建队伍强服务。自2019年起，平湖市成立由市镇两级业务专技人员为专家、各相关领域市场主体为乡土专家的生态循环产业团队，团队人员稳定在30人左右，强化基层农业生态能源队伍建设与服务能力。知识更新强本领。各生态循环产业团队成员每年安排不少于5天脱产参加基层农技推广知识更新培训和继续教育培训，达到每年90学时标准，不断充实从业人员知识储备。实践锻炼强责任。自2021年起，每年选调人员上挂下派，到基层一线担任驻村第一书记，借调人员参与文明城市建设等中心工作，担任科技特派员等，深入基层，为进一步做好农业生态能源工作夯实基础。

三是完善保障体系，实现农业生态能源工作"优质化"。院地合作强支撑。先后与中国农业科学院农业环境与可持续发展研究所、中国水稻研究所、浙江大学、浙江省农业科学院等科研院校开展项目合作，持续增添新动能。制定标准3项，在平湖推广落地应用技术21项。2022年，与中国农业科学院合作建立"浙江平湖水稻科技小院"。资金扶持强保障。平湖市将农业生态治理工作扶持资金列入市镇财政预算，仅市财政年均投入3 000万元以上。宣传指导浓氛围。加强舆论宣传和技术推广，与中国农学会联合举办生态论坛，宣传平湖特色做法。近三年在省级以上媒体宣传报道35篇，其中国家级媒体16篇。接待全国各地各部门观摩学习60多批次、450多人次，营造了浓厚的农业生态治理全民共建氛围。

---

* 报送单位：平湖市农业生态能源站

　　推荐单位：浙江省耕地质量与肥料管理总站

凉山州加强推进体系建设夯实农能事业发展基础*

近年来，四川省凉山彝族白族自治州农村能源部门认真贯彻落实中央、省委省政府、州委州政府决策部署，多措并举抓好农村能源体系建设，聚焦主责主业，抢抓低碳绿色发展机遇，攻坚克难、主动作为，全力推动农村能源体系建设迈上新台阶。

一是完善体系，确保农村能源工作有机构有人员。 机构改革期间，主动向州委州政府和州农业农村局主要领导汇报农村能源工作，争取领导重视，争取州县两级农村能源部门完全保留，确保农村能源工作有机构、有人员。全州18个农村能源部门均为参公单位，从州级到县级有副县级1个、正科级1个、副科级6个，其余10个县为股级单位。争取州县编办人事部门在人员晋升、考调方面给予大力支持。2023年，州县招考一批高学历人才，其中州级补充4人，县级补充6人。

二是提升保障，确保农村能源工作有项目有资金。 州级财政每年将征占用林地费中1 000万元纳入财政预算，作为配套农村能源项目建设使用。其中，农村户用沼气池每口配套1 000元，新村集中供气每处配套10万元。2011年以来累计投入超过3.2亿元，其中中央资金1.3亿元，省级资金8 572万元，州级资金4 380万元，县级资金6 816万元。目前，全州沼气保有量超过37万户，累计建设大型沼气工程15处、集中供气工程128处。

三是协同配合，确保农村能源工作有抓手有发展。 州县两级体系结合工作实际，积极推进农村沼气安全生产"2+2"工作方法，各县（市）均制订印发《推行"2+2"工作方法深入开展农村沼气安全生产专项行动实施方案》，科学制订和完善应急处置预案，确保应急处置工作反应灵敏、快速有效，全州已基本建立农村沼气安全排查常态化机制，全力抓好行业安全监管。定期组织开展农村沼气安全生产专项检查和督导工作，确保农村沼气安全生产工作落到实处，实现安全事故零发生。积极开展形式多样的沼气安全宣传活动，如每年开展的"沼气安全生产月活动"活动。

---

* 报送单位：凉山州农村人居环境和能源发展中心
　　推荐单位：四川省农村能源发展中心

附录一　2023年我国发布的农业生态环境保护主要政策文件

序号	文件名称	文号	印发单位	日期
1	关于全面推进美丽中国建设的意见		中共中央、国务院	2023年12月27日
2	关于加强新时代水土保持工作的意见		中共中央办公厅、国务院办公厅	2023年1月3日
3	关于落实党中央国务院2023年全面推进乡村振兴重点工作部署的实施意见	农发〔2023〕1号	农业农村部	2023年2月3日
4	关于进一步加强珍贵濒危水生野生动物保护管理工作的通知	农渔发〔2023〕22号	农业农村部	2023年8月8日
5	关于公布第七批中国重要农业文化遗产名单的通知	农社发〔2023〕3号	农业农村部	2023年9月15日
6	国家农业绿色发展先行区整建制全要素全链条推进农业面源污染综合防治实施方案	农办规〔2023〕16号	农业农村部办公厅	2023年3月28日
7	关于开展2023年中国美丽休闲乡村推介活动的通知	农办产〔2023〕3号	农业农村部办公厅	2023年4月13日
8	关于做好2023年农作物秸秆综合利用工作的通知	农办科〔2023〕13号	农业农村部办公厅	2023年5月23日
9	关于开展第四批国家农业绿色发展先行区创建工作的通知	农办规〔2023〕22号	农业农村部办公厅	2023年7月31日
10	农业绿色发展水平监测评价办法（试行）	农办规〔2023〕26号	农业农村部办公厅	2023年10月18日
11	关于推介2023年全国农业绿色发展典型案例的通知	农办规〔2023〕28号	农业农村部办公厅	2023年11月20日
12	关于开展2023年黄河禁渔专项执法行动的通知	农渔发〔2023〕7号	农业农村部、公安部	2023年3月24日
13	乡村振兴标准化行动方案	农质发〔2023〕5号	农业农村部、国家标准化管理委员会、住房和城乡建设部	2023年08月15日
14	关于公布农用薄膜执法监管典型案例的通知	农办科〔2023〕5号	农业农村部办公厅、市场监管总局办公厅、工业和信息化部办公厅、生态环境部办公厅	2023年3月27日
15	关于有力有序有效推广浙江"千万工程"经验的指导意见	中财办发〔2023〕6号	中央财办、中央农办、农业农村部、国家发展改革委	2023年6月26日
16	关于组织开展农村能源革命试点县建设	国能发新能〔2023〕23号	国家能源局、生态环境部、农业农村部、国家乡村振兴局	2023年3月15日
17	乡村五大振兴和乡村建设工作指引（试行）	农发〔2024〕2号	农业农村部	2024年1月16日

附录二　2023年我国发布的农业生态环境保护主要标准规范

序号	标准名称	编号	生效时间	归口单位	起草单位
1	农业废弃物资源化利用　农业生产资料包装废弃物处置和回收利用	GB/T 42550—2023	2023年9月1日	全国产品回收利用基础与管理标准化技术委员会	农业农村部农业生态与资源保护总站、中国标准化研究院、中华全国供销合作总社天津再生资源研究所、内蒙古自治区质量和标准化研究院、先正达集团现代农业科技有限公司、中国农药工业协会、北京化工大学、启迪城市环境服务集团有限公司
2	循环经济绩效评价　农业废弃物资源化利用	GB/T 42681—2023	2023年9月1日	全国产品回收利用基础与管理标准化技术委员会	中国农业科学院农业信息研究所、中国标准化研究院、农业农村部农业生态与资源保护总站、全国畜牧总站、中国农业大学、上海市农业科学院、北京沃土天地生物科技股份有限公司、北京市科学技术研究院分析测试研究所（北京市理化分析测试中心）、广东广垦畜牧工研究院有限公司、福建省致青生态环保有限公司、浙江裕峰环境服务股份有限公司
3	稻田重金属治理　第1部分：总则	GB/T 43419.1—2023	2024年3月1日	全国土壤质量标准化技术委员会	广东省科学院生态环境与土壤研究所、中国科学院南京土壤研究所、中国科学院生态环境研究中心、农业农村部农业生态与资源保护总站、浙江大学、中国农业科学院农业资源与农业区划研究所、清华大学、江苏省质量和标准化研究院
4	稻田重金属治理　第2部分：钝化调理	GB/T 43419.2—2023	2024年3月1日	全国土壤质量标准化技术委员会	广东省科学院生态环境与土壤研究所、中国科学院南京土壤研究所、中国科学院生态环境研究中心、农业农村部农业生态与资源保护总站、浙江大学、中国农业科学院农业资源与农业区划研究所、清华大学、江苏省质量和标准化研究院
5	稻田重金属治理　第3部分：生理阻隔	GB/T 43419.3—2023	2024年3月1日	全国土壤质量标准化技术委员会	广东省科学院生态环境与土壤研究所、中国科学院南京土壤研究所、中国科学院生态环境研究中心、农业农村部农业生态与资源保护总站、浙江大学、中国农业科学院农业资源与农业区划研究所、清华大学、广西大学、江苏省质量和标准化研究院
6	农业社会化服务　农业废弃物综合利用通用要求	GB/T 34805—2023	2023年5月23日	全国产品回收利用基础与管理标准化技术委员会	中国标准化研究院、云南省标准化研究院、福建省致青生态环保有限公司、浙江省农业科学院、全国蔬菜质量标准中心、农业农村部农业生态与资源保护总站、江西省质量和标准化研究院、中国农业科学院农业信息研究所
7	农业废弃物资源化利用　农产品加工废弃物再生利用	GB/T 42546—2023	2023年9月1日	全国产品回收利用基础与管理标准化技术委员会	浙江省农业科学院、中国标准化研究院、中国热带农业科学院热带作物品种资源研究所、中国农业科学院农产品加工研究所、中国科学院兰州化学物理研究所、中国科学院成都生物所、陕西师范大学、中华全国供销合作总社济南果品研究所
8	农业废弃物资源化利用　生物质资源综合利用	GB/T 42679—2023	2023年9月1日	全国产品回收利用基础与管理标准化技术委员会	浙江省农业科学院、中国标准化研究院、中国农业科学院农业资源与农业区划研究所、安徽省质量和标准化研究院、华中农业大学、吉林省农业科学院、内蒙古自治区质量和标准化研究院、安徽莱姆佳生物科技股份有限公司、中国热带农业科学院热带作物品种资源研究所、北京林业大学、内蒙古自治区农牧业生态与资源保护中心、湖北省十堰市农业生态环境保护站、福建省致青生态环保有限公司、安徽丰原生物技术股份有限公司、盛发环保科技（厦门）有限公司

（续）

序号	标准名称	编号	生效时间	归口单位	起草单位
9	畜禽养殖环境与废弃物管理术语	GB/T 25171—2023	2023年12月1日	全国畜牧业标准化技术委员会	中国农业科学院农业环境与可持续发展研究所、农业部畜牧环境设施设备质量监督检验测试中心（北京）、中国农业科学院都市农业研究所、全国畜牧总站
10	气候智慧型农业　小麦-水稻生产技术规范	NY/T 4298—2023	2023年6月1日	农业农村部科技教育司	农业农村部农业生态与资源保护总站、中国农业科学院作物科学研究所、安徽农业大学、中国农业大学、农业农村部科技发展中心、安徽省农村能源总站、安徽省怀远县农机化技术推广中心、安徽省怀远县农业技术推广中心
11	气候智慧型农业　小麦-玉米生产技术规范	NY/T 4299—2023	2023年6月1日	农业农村部科技教育司	农业农村部农业生态与资源保护总站、河南农业大学、中国农业大学、中国农业科学院作物科学研究所、河南省农村能源环境保护总站、农业农村部国际交流服务中心、辽宁省农业科学院、河南省农业科学院、河南省叶县农业农村局
12	气候智慧型农业　作物生产固碳减排监测与核算规范	NY/T 4300—2023	2023年6月1日	农业农村部科技教育司	中国农业科学院农业资源与农业区划研究所、农业农村部农业生态与资源保护总站、中国农业大学、中国农业科学院作物科学研究所、农业农村部科技发展中心
13	秸秆捆烧锅炉清洁供暖工程设计规范	NY/T 4315—2023	2023年6月1日	农业农村部计划财务司	中国农业科学院农业环境与可持续发展研究所、铁岭众缘环保设备制造有限公司、承德市本特生态能源技术有限公司、海伦市利民节能锅炉制造有限公司
14	分体式温室太阳能储放热利用设施设计规范	NY/T 4316—2023	2023年6月1日	农业农村部计划财务司	农业农村部规划设计研究院、中国农业大学、张家口泰华机械厂
15	退化草地改良技术规范　高寒草地	NY/T 4295—2023	2023年6月1日	全国畜牧业标准化技术委员会	中国农业大学、四川省草原科学研究院、青海省畜牧兽医科学院、西藏农牧科学院草业科学研究所
16	土壤检测　第9部分：土壤有效钼的测定	NY/T 1121.9—2023	2023年6月1日	农业农村部农田建设管理司	农业农村部耕地质量监测保护中心、河南广电计量检测有限公司、农业农村部肥料质量监督检验测试中心（成都）、农业农村部肥料质量监督检验测试中心（杭州）
17	土壤检测　第14部分：土壤有效硫的测定	NY/T 1121.14—2023	2023年6月1日	农业农村部农田建设管理司	农业农村部耕地质量监测保护中心、河南广电计量检测有限公司、农业农村部肥料质量监督检验测试中心（成都）、农业农村部肥料质量监督检验测试中心（杭州）
18	耕地投入品安全性监测评价通则	NY/T 4349—2023	2023年8月1日	农业农村部农田建设管理司	农业农村部耕地质量监测保护中心、华南农业大学资源环境学院、中国农业科学院农业资源与农业区划研究所、甘肃省农业科学院土壤肥料与节水农业研究所、黑龙江省农业科学院土壤肥料与环境资源研究所
19	设施种植园区水肥一体化灌溉系统设计规范	NY/T 4368—2023	2023年8月1日	全国农业机械标准化技术委员会农业机械化分技术委员会	农业农村部规划设计研究院、上海农抬头农业发展有限公司、西安航天自动化股份公司、江苏绿港现代农业发展有限公司、大禹节水集团股份有限公司、北京兴业华农农业设备有限公司、河北省农林科学院农业信息与经济研究所、山西省农业机械发展中心、海淀区农业技术综合服务中心

（续）

序号	标准名称	编号	生效时间	归口单位	起草单位
20	水肥一体机性能测试方法	NY/T 4369—2023	2023年8月1日	全国农业机械标准化技术委员会农业机械化分技术委员会	农业农村部规划设计研究院、大禹节水集团股份有限公司、华维节水科技集团股份有限公司、山东圣大节水科技有限公司、河北润农节水科技股份有限公司、中国农业科学院农田灌溉研究所、成都智鹏农业科技有限公司、山西中威建元科技有限公司、河北省农林科学院农业信息与经济研究所、新疆农业科学院农业机械化研究所、银川市农业技术推广服务中心、河北农业大学、山西省农业机械发展中心、北京兴业华农农业机械设备有限公司
21	一体化土壤水分自动监测仪技术要求	NY/T 4375—2023	2023年8月1日	农业农村部农业信息化标准化技术委员会	中国农业大学、全国农业技术推广服务中心、北京市农林科学院智能装备技术研究中心、爱迪斯新技术有限责任公司、河南瑞通水利工程建设集团有限公司、四川长虹电器股份有限公司、河南黄河水文勘测设计院
22	生物质清洁暖风壁炉	NB/T 11235—2023	2023年11月26日	能源行业农村能源标准化技术委员会	北京中研环能环保技术检测中心、山东超万采暖设备有限公司、烟台蓝澳采暖设备有限公司、内蒙古蓝色火宴科技环保股份公司、盛火（湖北）农业科技有限公司、浙江中力热能股份有限公司、北京化工大学、兖煤蓝天清洁能源有限公司、山东多乐新能源科技有限责任公司、河北凯祥采暖设备有限公司、潍坊小木渣新能源科技有限公司、宁波圣菲机械制造有限公司、深圳昕玛科技有限公司、禹州市方正炉业有限公司、河北优涉生物质能源技术有限公司、石家庄市春燕采暖设备有限公司、湖北鑫星节能炉具有限公司、山东金亮机械股份有限公司、山东正信德环保科技发展有限公司、福贵五金机电湖北有限公司、福宝科技宜昌有限公司、中积绿探（河南）能源集团有限公司
23	光伏光热一体组件技术规范	NB/T 11241—2023	2023年11月26日	能源行业农村能源标准化技术委员会	浙江省太阳能产品质量检验中心、江苏贝德莱特太阳能科技有限公司、江苏科技大学、正泰新能科技有限公司、山东龙光天旭太阳能有限公司、河北道荣新能源科技有限公司、桑普能源科技有限公司、北京天韵太阳科技发展有限公司、山东中科蓝天科技有限公司、桑夏太阳能股份有限公司、合肥荣事达太阳能有限公司、浙江神太太阳能股份有限公司、中境环能（上海）环保有限公司、上海交通大学、广东海悟科技有限公司、陕西光学家实业有限公司、浙江剡阳环保科技有限公司、浙江格莱智控电子有限公司、南京科之峰节能技术有限公司、浙江光学家科技 有限公司、新昌县焕迪科技有限公司、中国建筑科学研究院有限公司
24	家禽养殖场太阳能多能互补采暖系统通用要求	NB/T 11242—2023	2023年11月26日	能源行业农村能源标准化技术委员会	山东中科蓝天科技有限公司、芜湖贝斯特新能源开发有限公司、安徽春升新能源科技有限公司、铜陵市清华宝能源设备有限责任公司、合肥荣事达太阳能有限公司、河北道荣新能源科技有限公司、浙江格莱智控电子有限公司、江苏贝德莱特太阳能科技有限公司

（续）

序号	标准名称	编号	生效时间	归口单位	起草单位
25	设施农业太阳能季节蓄热供热工程技术规范	NB/T 11243—2023	2023年11月26日	能源行业农村能源标准化技术委员会	北京中柏能环科技有限责任公司、芜湖贝斯特新能源开发有限公司、安徽春升新能源科技有限公司、山东中科蓝天科技有限公司、山东桑乐集团有限公司、河北道荣新能源科技有限公司、合肥荣事达太阳能有限公司、江苏贝德莱特太阳能科技有限公司
26	太阳能供热工程全过程管理规范	NB/T 11244—2023	2023年11月26日	能源行业农村能源标准化技术委员会	桑普能源科技有限公司、山东龙光天旭太阳能有限公司、安徽春升新能源科技有限公司、深圳嘉普通太阳能股份有限公司、桑夏太阳能股份有限公司、山东阳光博士太阳能工程有限公司、河北道荣新能源科技有限公司、皇明太阳能股份有限公司、山东中科蓝天科技有限公司、云南省玉溪市太标太阳能设备有限公司、浙江格莱智控电子有限公司、合肥荣事达太阳能有限公司、江苏贝德莱特太阳能科技有限公司
27	污染土壤修复工程技术规范 固化/稳定化	HJ 1282—2023	2023年5月1日	生态环境部	北京市科学技术研究院资源环境研究所、北京高能时代环境技术股份有限公司、中国环境科学研究院、上海市环境工程设计科学研究院有限公司、矿冶科技集团有限公司
28	烟草秸秆生物有机肥生产技术指南	YC/Z 602—2023	2023年8月1日	全国烟草标准化技术委员会农业分技术委员会	湖北省烟草公司恩施州公司、湖北省烟草科学研究院
29	绿色低碳乡村建设及评价技术指南	T/CI 072—2023	2023年6月5日	中国国际科技促进会	南开大学环境科学与工程学院、生物质资源化利用国家地方联合工程研究中心（南开大学）、中国标准化研究院公共安全标准化研究所、农业农村部农业生态与资源保护总站、天津大学环境科学与工程学院、农业农村部环境保护科研监测所
30	美丽县域建设评价技术指南	T/CI 181—2023	2023年11月13日	中国国际科技促进会	南开大学环境科学与工程学院、中国电力建设集团有限公司、湖南四达智库科技服务有限公司、中水北方勘测设计研究有限责任公司、农业农村部农业生态与资源保护总站
31	畜禽养殖企业碳排放核算方法	T/CAREI 009—2023	2024年2月25日	能源行业农村能源标准化技术委员会	衢州市美丽乡村建设中心、农业农村部农业生态与资源保护总站、衢州市畜牧业发展中心、江山市养殖业发展服务中心、江苏省农业科学院、中国科学院地理科学与资源研究所
32	全生物降解地膜栽培技术规范 第4部分：兴安盟水稻旱作	DB15/T 2525.4—2023	2023年4月28日	内蒙古自治区农业标准化技术委员会	内蒙古自治区农牧业生态与资源保护中心、中国农业科学院农业环境与可持续发展研究所、农业农村部农业生态与资源保护总站、内蒙古自治区农牧业技术推广中心、扎赉特旗农牧与科技事业发展中心
33	废旧地膜回收与资源化利用技术规程	DB15/T 2938—2023	2023年4月28日	内蒙古自治区农业标准化技术委员会	内蒙古自治区农牧业生态与资源保护中心、中国农业科学院农业环境与可持续发展研究所、农业农村部农业生态与资源保护总站、内蒙古自治区农牧业技术推广中心、鄂尔多斯市农牧业生态与资源保护中心、巴彦淖尔市耕地质量监测保护中心、包头市农牧科学技术研究所

（续）

序号	标准名称	编号	生效时间	归口单位	起草单位
34	受污染耕地安全利用与治理修复技术规程	DB4413/T 37—2023	2023年6月14日	惠州市农业农村局	广东省科学院生态环境与土壤研究所、农业农村部农业生态与资源保护总站、惠州市农业农村信息中心、惠州市农业科学研究所、惠州市惠城区现代农业示范区服务中心
35	覆膜花生果秧膜机械分离回收技术规程	DB3713/T 276—2023	2023年9月22日	临沂市农业农村局	临沂市农业技术推广中心、山东省农业机械科学研究院、费县农业技术推广中心、郯城县农业技术推广中心、临沂市兰山区农业技术推广中心、沂水县农业技术推广中心、蒙阴县农业农村发展服务中心、莒南县坊前镇农业综合服务中心、莒南县涝坡镇农业综合服务中心、兰陵县蔬菜产业发展中心
36	浙江省乡村农田生产性景观设计导则	T/ZCZY 002—2023	2023年12月15日	浙江省建设与发展研究会	浙江理工大学建筑工程学院、衢州市衢江区全旺镇人民政府、衢州市柯城区石室乡人民政府、丽水市缙云县前路乡人民政府、宁波市镇海规划勘测设计研究院

附录三 2023年农业农村部发布的主推技术、重大引领性技术

2023年6月，农业农村部办公厅发布《关于推介发布2023年农业主导品种主推技术的通知》，推介发布2023年农业重大引领性技术10项、主导品种143个、主推技术176项（其中，资源环境类18项）。

2023年农业重大引领性技术

序号	2023年农业重大引领性技术
1	大豆玉米带状复合种植全程机械化技术
2	饲用豆粕减量替代技术
3	玉米密植滴灌水肥精准调控技术
4	玉米探墒播种抗旱保苗艺机一体化技术
5	北方旱地玉米深松一次分层施肥增产技术
6	水稻全程绿色智慧施肥技术
7	小麦条锈病智能化监测预警技术
8	花生玉米机械化带状种植秸秆裹包混贮利用技术
9	黄羽肉鸡设施化立体养殖技术
10	深远海可移动式养殖工船船载舱养技术

2023年主推技术（资源环境类）

序号	2023年主推技术（资源环境类）
1	松土促根土壤改良技术
2	南方稻田镉砷污染同步阻控技术
3	瘠薄黑土耕地心土改良培肥地力提升技术
4	畜禽粪污集中处理低碳循环利用技术
5	密集养殖区畜禽粪便避雨堆贮技术
6	水稻安全生产协同固碳减排技术
7	稻田氮磷控源增汇技术
8	东北黑土区旱地肥沃耕层构建技术
9	盐碱地水田"三良一体化"丰产改良技术
10	碱性腐殖酸水溶肥热区酸性土壤改良技术

（续）

序号	2023年主推技术（资源环境类）
11	秸秆全量还田条件下水稻丰产减排技术
12	大兴安岭不同等级耕地差异化保护与利用技术
13	养殖废弃物高值转化土壤修复肥料关键技术
14	"燕麦耐盐碱品种+农艺措施"盐碱地利用改良技术
15	冬小麦-夏玉米调肥改土技术
16	种养结合增效减污技术
17	裸露农田扬尘抑制保护性耕作质量监测技术
18	高效智能农田残膜回收装备及应用技术

图书在版编目（CIP）数据

2024农业资源环境保护与农村能源发展报告 / 农业农村部农业生态与资源保护总站编. -- 北京：中国农业出版社，2024.8. -- ISBN 978-7-109-32290-5

Ⅰ. X322.2；F323.214

中国国家版本馆CIP数据核字第2024H5A596号

2024农业资源环境保护与农村能源发展报告

2024 NONGYE ZIYUAN HUANJING BAOHU YU NONGCUN NENGYUAN FAZHAN BAOGAO

中国农业出版社出版

地址：北京市朝阳区麦子店街18号楼

邮编：100125

责任编辑：冯英华　刘　伟

版式设计：王　晨　　责任校对：吴丽婷

印刷：中农印务有限公司

版次：2024年8月第1版

印次：2024年8月北京第1次印刷

发行：新华书店北京发行所

开本：889mm×1194mm　1/16

印张：6.25

字数：150千字

定价：118.00元